2026 전면 개정판
제어공학

공학박사 김상훈 편저 / 한빛전기수험연구회 감수

전기기사·전기공사기사 완벽 대비
필기 CBT 최적화 문제 구성

편저 김상훈
건국대학교 전기공학과 졸업(공학박사)
現 엔지니어랩 전기분야 대표강사
現 ㈜일렉킴에듀 대표
現 대한전기학회 이사(정회원)
前 인하공업전문대학 교수
前 NCS 전기분야 집필진
前 J, E사 전기기사 대표강사
前 김상훈전기기술학원 원장
前 EBS 전기(산업)기사/전기공사(산업)기사 교수
前 한국조명설비학회 이사(정회원)

저서 : 『2026 회로이론』 외 기본서 시리즈 7종
　　　『2026 전기기사 필기』 외 3종
　　　『2026 전기기사 실기』 외 3종
　　　『파이널 특강 – 전기기사 필기』 외 5종
　　　『2026 전기기사 필기 7개년 기출문제집』 외 1종
　　　『2026 9급 공무원 전기직 전기이론』 외 5종
　　　『2026 고등학교 교과서 전기설비』
　　　공기업 전기직 파이널 특강

감수 한빛전기수험연구회

동영상 강좌 수강
엔지니어랩 https://www.engineerlab.co.kr

2026 제어공학

초판 발행　　　2019년 12월 01일
26년 개정판 발행　2025년 09월 01일
편저자 김상훈
펴낸이 배용석
펴낸곳 도서출판 윤조
전화 050-5369-8829 / **팩스** 02-6716-1989
등록 2019년 4월 17일
ISBN 979-11-94702-08-5 13560
정가 18,000원

이 책에 대한 의견이나 오탈자 및 잘못된 내용에 대한 수정 정보는 아래 홈페이지와 이메일로 알려주시기 바랍니다.
홈페이지 www.yoonjo.co.kr / **이메일** customer@yoonjo.co.kr

이 책의 저작권은 김상훈과 도서출판 윤조에게 있습니다.
저작권법에 의해 보호를 받는 저작물이므로 무단 복제 및 무단 전재를 금합니다.

한 번에 큐넷 합격!

> "원리를 이해하는 **진짜 학습서**
> 처음부터 제대로 준비해서 **한 번에 합격**하세요."

모바일 & PC 동영상 시청 01
동영상 학습, 계획 No!
언제 어느 곳에서나 Yes!

시험 내용만 정리한 담백한 이론 02
광범위한 이론 No!
출제되는 핵심만 Yes!

시험시간도 거뜬한 넉넉한 문제 수 03
어설픈 문제 개수 No!
많은 양의 기출문제로 시험장 모드 Yes!

CBT 완벽 대비 04
CBT시험 최적화
상품 구성

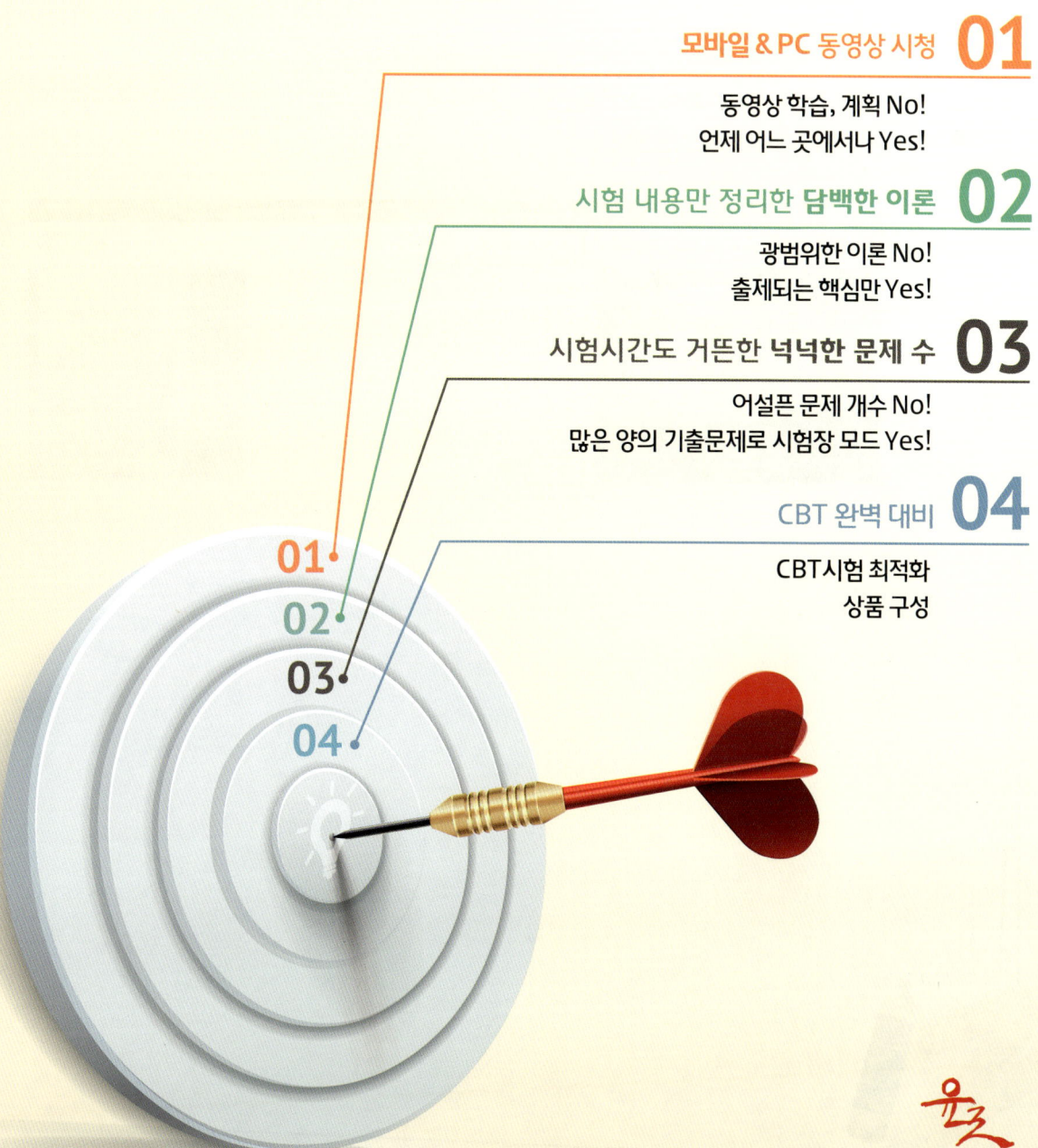

CBT 모의고사 안내

| CBT 모의고사 혜택 받는 방법 |

❶ 교재 구매 인증하러 가기

엔지니어랩(https://www.engineerlab.co.kr)에 로그인 후 화면 상단에 있는 「교재」를 클릭하여 구매인증 게시판으로 이동합니다.

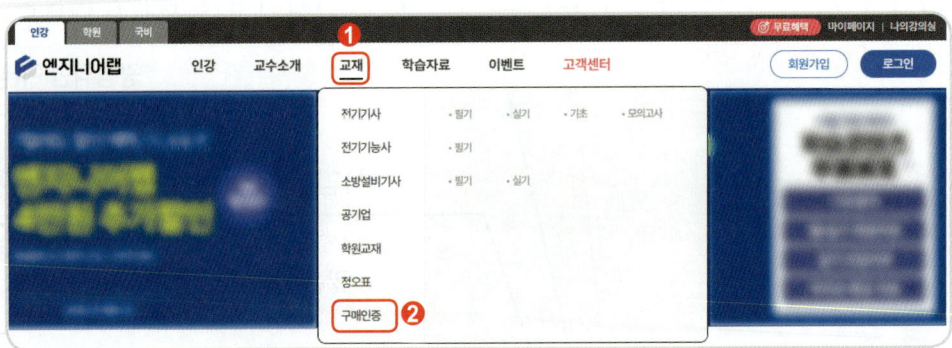

❷ **구매 인증 후 CBT 모의고사 받기**

화면에 있는 「구매인증」을 클릭 후 증빙자료를 업로드합니다. 교재 구매 이력 인증 후 CBT 모의고사 2회분을 받으실 수 있습니다.

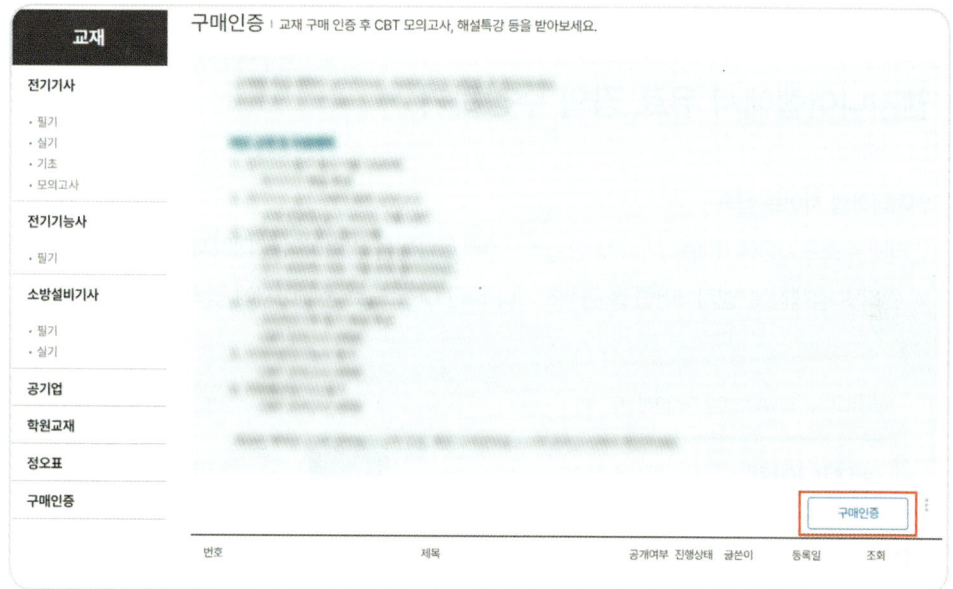

❸ **나의 강의실에서 CBT 모의고사 응시하기**

CBT 모의고사는 「나의 모의고사」에서 확인 가능합니다. 화면 우측 상단에 있는 「나의 강의실」을 클릭하시면 화면 좌측에 「나의 모의고사」가 있습니다.

유료 강의 수강 안내

엔지니어랩에서 유료 강의 수강하기

❶ 엔지니어랩 사이트 접속

인터넷 주소표시줄에 [https://www.engineerlab.co.kr]을 입력하여 홈페이지에 접속합니다.

※ 인터넷 검색창에 '엔지니어랩'을 검색하거나 하단 QR코드로 홈페이지에 접속할 수 있습니다.

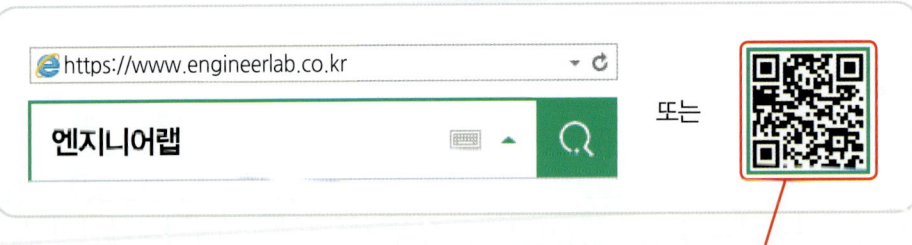

❷ 회원가입 (로그인)

화면 우측 상단에 있는 「회원가입」을 클릭하여 가입 후 「로그인」합니다.

❸ 인강 수강하기

화면 좌측 상단에 있는 「인강」을 클릭 후 원하는 과정을 선택하고 나에게 맞는 상품을 선택하여 수강신청합니다.

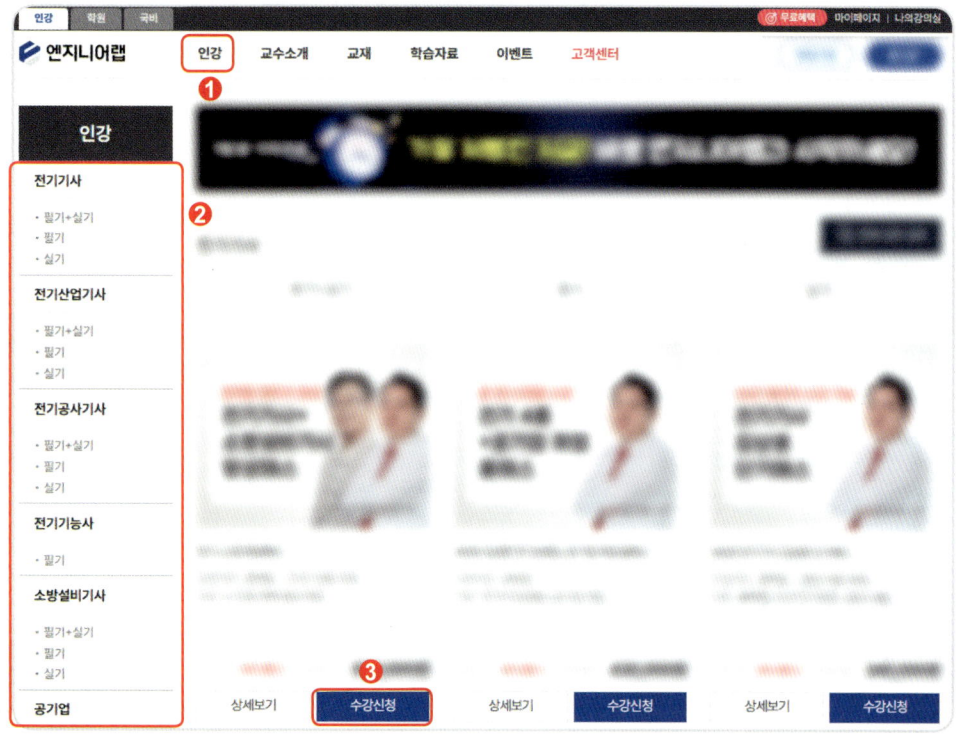

❹ 쿠폰 적용 및 결제

구매하시려는 상품과 금액을 확인하시고 최종 결제 전 잊으신 할인 혜택은 없는지 다시 한번 꼭 확인해주세요.

※ 엔지니어랩에서는 환승 할인, 대학생 할인, 내일배움카드 소지 할인 등 다양한 할인혜택을 제공하고 있으며, 자세한 내용은 「맞춤할인 혜택 확인하기」 참고 부탁드립니다.

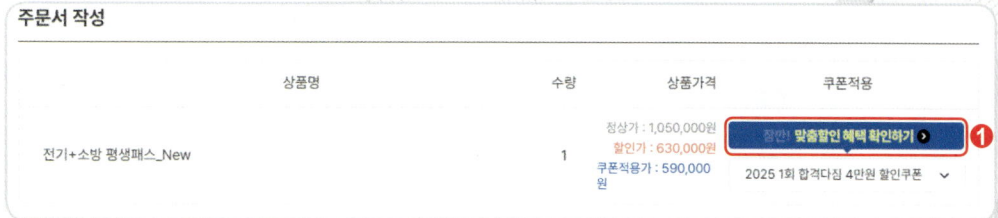

이 책의 학습 방법

1. 각 장의 이론 마지막에 필수 이론만 정리하여 별도 수록하였습니다.

- 처음 공부하시는 분이 아니시라면 핵심 요약만 학습하고 바로 필수 기출문제를 푸셔도 됩니다.
- 시험 직전에 핵심 이론을 다시 공부하시는 것도 좋습니다.

이론 요약

1. 내적 및 외적
   ① 내적(dot) : $A \cdot B = |A||B|\cos\theta$ (두 벡터의 사잇각)
   $(i \cdot i = j \cdot j = k \cdot k = 1,\ i \cdot j = j \cdot k = k \cdot i = 0)$
   ② 외적(cross) : $A \times B = |A||B|\sin\theta$
   $(i \times i = j \times j = k \times k = 0,\ i \times j = k,\ j \times k = i,\ k \times i = j)$

2. 벡터의 미분연산자
   $\nabla = grad = \frac{\partial}{\partial x}i + \frac{\partial}{\partial y}j + \frac{\partial}{\partial z}k$
   cf) 전위경도 $grad\ V = \frac{\partial V}{\partial x}i + \frac{\partial V}{\partial y}j + \frac{\partial V}{\partial z}k$

3. 벡터의 발산 및 회전

2. CBT 필기시험 대비 필수 기출문제

- 최근 출제경향을 고려하여 꼭 나올만한 문제들만 추려서 수록하여 학습부담을 줄였습니다.
- 시험장에 가시기 전에 꼭 풀어보세요.

CHAPTER 03 필수 기출문제
꼭! 나오는 문제만 간추린

01 다음은 도체계에 대한 용량계수와 유도계수의 성질을 나타낸 것이다. 이 중 맞지 않은 것은?
단, 첨자가 같은 것은 용량계수이며, 첨자가 다른 것은 유도계수이다.
① $q_{rs} = q_{sr}$
② $q_{rr} > 0$
③ $q_{ss} > q_{rs} > 0$
④ $q_{11} \geq -(q_{21} + q_{31} + \cdots + q_{n1})$

해설 전위계수와 용량계수
• 전위계수 : $P_{rr}, P_{ss} > 0,\ P_{rs}, P_{sr} \geq 0,\ P_{rr} \geq P_{rs}$
• 용량계수 : $q_{rr}, q_{ss} > 0$, 유도계수 : $q_s = q_{sr} \leq 0$

【답】③

> 이 표시가 있으면 나올 확률이 높은 문제입니다. 꼭 학습하세요.

3. 국내 유일 실시간 강의 유튜브 김상훈 TV

- 목표는 오직 좀 더 많은 수험생들의 합격!
- 국내 유일의 유튜브 실시간 Live 강의(유튜브 김상훈 TV 검색)
- 합격 설명회, 실기, 필기, 공무원 등 다양한 콘텐츠 무료 시청

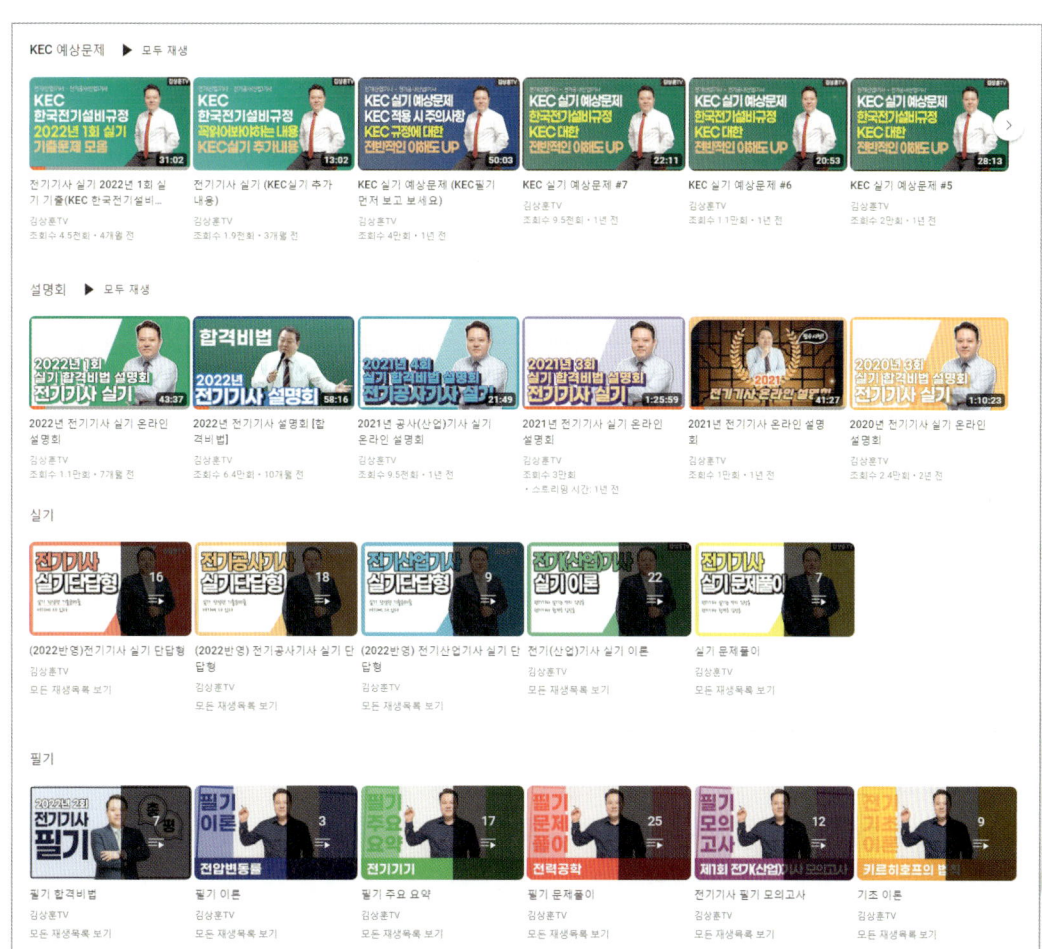

※ 자세한 강의 시간표는 다음 일렉킴 카페(https://cafe.daum.net/eleckimedu) 〉 유튜브 방송 시간표 참고

이 책의 목차

회차별 학습 체크 리스트

문제 풀이와 동영상 학습 횟수를 체크하여 스케줄 관리도 하고, 학습 속도도 조절할 수 있습니다.

이제는 합격이다

- CBT 모의고사 안내 ·························· 4
- 유료 강의 수강 안내 ······················ 6
- 이 책의 학습 방법 ·························· 8
- 회차별 학습 체크 리스트 ············· 10
- 편저자/감수자의 말 ······················ 12

	학습		
01 자동제어시스템 ·························· 14	☐	☐	☐
- 필수 기출문제 ······················ 20	☐	☐	☐
02 라플라스 변환 ···························· 23	☐	☐	☐
- 필수 기출문제 ······················ 36	☐	☐	☐
03 전달함수 ···································· 44	☐	☐	☐
- 필수 기출문제 ······················ 58	☐	☐	☐
04 블록선도와 신호흐름선도 ············· 64	☐	☐	☐
- 필수 기출문제 ······················ 75	☐	☐	☐
05 과도(시간)응답 ···························· 80	☐	☐	☐
- 필수 기출문제 ······················ 91	☐	☐	☐

학습

06 편차와 감도 ······································· 97 ☐☐☐
　－ 필수 기출문제 ······························· 105 ☐☐☐

07 주파수응답 ······································ 108 ☐☐☐
　－ 필수 기출문제 ······························· 122 ☐☐☐

08 안정도 ·· 127 ☐☐☐
　－ 필수 기출문제 ······························· 141 ☐☐☐

09 근궤적법 ··· 148 ☐☐☐
　－ 필수 기출문제 ······························· 154 ☐☐☐

10 상태 공간법 및 z변환 ····················· 157 ☐☐☐
　－ 필수 기출문제 ······························· 169 ☐☐☐

11 시퀀스제어 ······································· 173 ☐☐☐
　－ 필수 기출문제 ······························· 183 ☐☐☐

12 제어기기 ··· 188 ☐☐☐
　－ 필수 기출문제 ······························· 198 ☐☐☐

편저자의 말

1970년대 중반부터 시행된 전기 분야 국가기술자격시험은 일부 개정을 거쳐 현재에 이르고 있으며, 시험 합격을 위해서는 그에 맞는 전략과 노력이 필요합니다.

최근 5년 동안의 시험 경향을 보면 확실히 예전보다는 조금 어려워졌습니다. 예전처럼 그냥 외우는 방법으로는 어렵고, 이론을 이해해야 풀 수 있는 문제들이 많아지고 있기 때문입니다. 특히 필기시험은 출제 경향이 크게 다르지 않은데, 실기시험은 회차별로 난이도 차이가 크게 나고 예전보다 문제수도 늘어나 좀 더 세분화되었다고 볼 수 있습니다.

그러므로 합격의 전략은 새로운 경향을 찾는 것보다는 많이 출제되었던 기출문제를 공부하되 이론을 같이 공부하는 것이 빠른 합격에 유리할 수 있습니다.

또 전기기사 출제 경향을 합격자 수로 이야기하는 경우가 많지만, 작년에 합격자 수가 많았다고 해서 올해 꼭 적게 나오는 것은 아닙니다. 약간씩 출제 경향의 변화가 있지만 난이도는 거의 대동소이하며, 수급 조절은 3~5년으로 보기 때문에 수험생 스스로 섣부른 판단은 하지 않도록 해야 합니다.

필자는 10여 년 전부터 현재까지 오프라인 학원, 수많은 온라인 교육 및 EBS 강의를 진행하면서 많은 수험생을 접하며 그들이 가지고 있는 고충과 애로사항을 청취한 결과, 국가기술자격시험 합격을 위한 보다 쉽고 확실한 해법을 주기 위하여 이 교재를 집필하게 되었습니다.

본 수험서의 특징은 그간 어렵게 생각했던 문제를 쉽게 해설하여 수험생들이 혼자 공부할 수 있게 하고, 매년 출제 빈도를 반영하여 문제마다 별 표시를 해 중요 부분을 확인할 수 있게 함으로써 시험 대비 시 공부의 효율을 높이도록 한 점입니다.

아무쪼록 본 수험서로 공부하는 모든 분이 합격하시기를 기원하며, 마지막으로 본 수험서가 출간되기까지 큰 노력을 기울여주신 한빛전기수험연구회 여러분들과 도서출판 윤조 배용석 대표님께 감사의 말씀을 전합니다.

편저자 김상훈

감수자의 말

현대 사회에서 전기의 중요성은 날로 커지고 있으며, 일정한 자격을 갖춘 전문가들에 의해 여러 가지 기술의 개발과 발전이 이루어지고 있습니다. 이러한 전기 분야의 전문가를 국가기술자격시험을 통해 선발하기 때문에 이 시험의 비중이 날로 증가하고 있는 추세입니다.

우리 연구회 일동은 전기 분야 교육의 전문가이신 김상훈 박사가 책 출간 후 5년간의 노하우와 새로운 경향을 반영하는 개정 작업의 감수에 참여하게 되어 기쁜 마음으로 더욱더 좋은 책, 수험생들이 쉽게 이해할 수 있는 책이 되도록 노력하였습니다.

아무쪼록 본 수험서로 공부하는 수험생 모두가 합격하여 우리나라 전기 분야에 이바지하는 전문가들로 성장하기를 기원합니다.

한빛전기수험연구회 일동

PART 01
제어공학

1. 자동제어시스템
2. 라플라스 변환
3. 전달함수
4. 블록선도와 신호흐름선도
5. 과도(시간)응답
6. 편차와 감도
7. 주파수 응답
8. 안정도
9. 근궤적
10. 상태공간법 및 Z변환
11. 시퀀스제어
12. 제어기기

제어공학은 다른 과목보다 비중을 두어 공부한다면 어렵지 않게 많은 점수를 얻을 수 있습니다.

CHAPTER 01 자동제어시스템

자동제어시스템·피드백 제어 시스템(feedback control system)의 기본구성·제어 시스템의 분류

자동제어시스템

자동제어시스템(Automatic control system)이란 어떤 주어진 입력에 대하여 우리가 원하는 출력(또는 응답)을 나타내게 하기 위해서 하나하나의 부품이 서로 유기적으로 결합한 집합체가 원하는 목적대로 작업을 수행하는 장치이다.

제어시스템은 다음과 같이 개루프 제어시스템(open loop control system)과 폐루프 제어시스템(closed-loop control system)으로 나눌 수 있다.

1 개루프 제어계(Open loop control system)

개루프 제어시스템은 구조가 간단하고 비용이 적게 들어 실제 생활에 많이 이용되고 있으며, 개루프 제어계의 구조는 그림과 같이 제어기와 제어대상으로 나눌 수 있다. 입력신호 혹은 목표치가 제어기에 인가되면 제어기의 출력은 동작신호를 내어주고 이 동작신호는 제어량(출력)이 규정된 기준에 맞게 동작하도록 제어대상을 조작한다. 신호의 흐름이 열려있는 경우로 출력이 입력에 전혀 영향을 주지 못하여 부정확하고 신뢰성은 없으나 저렴한 제어시스템이다.

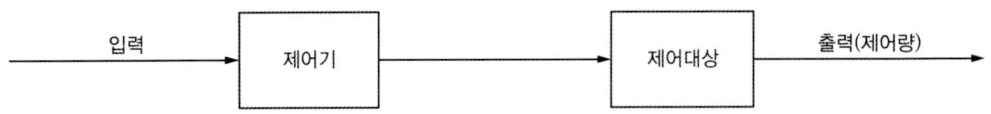

대표적인 개루프 제어방식으로는 순차제어(sequence control)같은 방법이 사용된다.

2 폐루프 제어계(Closed loop control system)

폐루프 제어시스템은 개루프 시스템 보다 더 정확한 제어를 하기 위해 제어신호를 궤환시켜 기준입력과 비교함으로서 출력과 입력의 차에 비례하는 동작신호를 시스템으로 보내서 오차를 수정하게 된다. 이러한 궤환 경로를 한 개 또는 그 이상 갖는 제어시스템을 폐루프 제어시스템이라 하며 이를 피드백 제어(feedback control)라고 하며 다음과 같은 특징을 가진다.

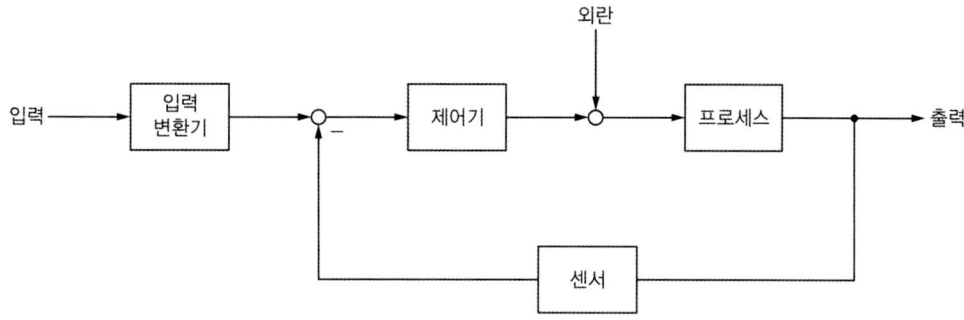

피드백 제어계의 특징

① 정확성이 증가(오차 감소)한다.
② 시스템의 특성 변화에 대한 입력 대 출력비의 감도가 감소한다.
③ 비선형성과 왜형에 대한 효과가 감소한다.
④ 시스템의 전체 이득 감소한다.
⑤ 피드백 제어계에서 반드시 필요한 장치는 입력과 출력을 비교하는 장치이며 출력을 검출하는 센서가 필요하게 된다.

피드백 제어 시스템(feedback control system)의 기본구성

피드백 제어 시스템의 구성요소는 다음과 같다.

1 구성요소 용어 정리

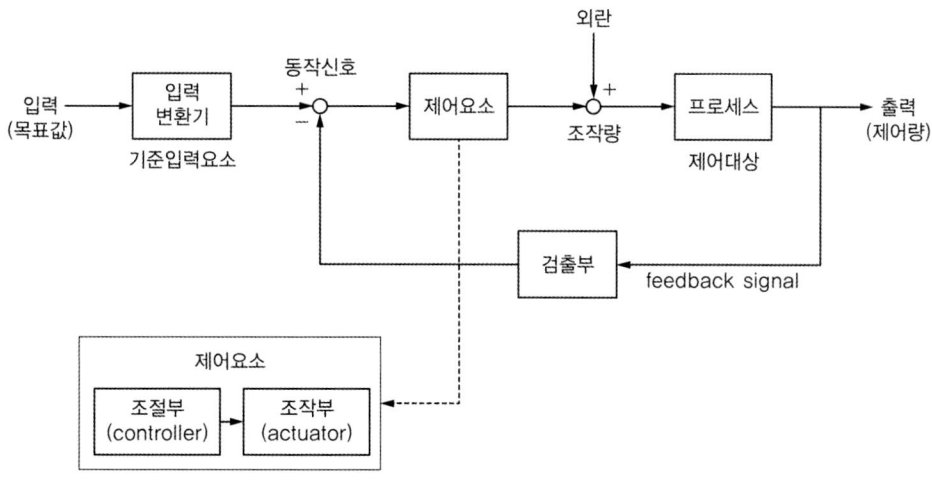

【 피드백 제어 시스템 】

① 목표값(desired value) : 제어시스템을 동작시키는 입력(input)신호로서 희망값, 설정값(setting value)이라고도 한다.

② 기준입력요소 : 시스템을 동작시키기 위한 신호로서 입력 변환기(input transducer)라고 한다.

③ 비교기(comparator) : 출력신호가 궤환 신호를 거쳐 입력 변환기에서 발생한 신호와 비교하는 부분이다.
④ 동작신호(actuating signal) : 기준입력과 궤환 신호의 차를 나타내는 신호로서 오차신호이다.
⑤ 제어요소 : 동작신호를 조작량으로 변환하는 부분으로 조절부와 조작부로 구성된다.
⑥ 외란(disturbance) : 출력을 변화를 일으킬 수 있는 외부로부터의 신호이며 또 다른 입력으로 간주된다.
⑦ 제어대상(plant 또는 process) : 제어시스템에서 제어에 직접적인 목표가 되는 장치이며 프로세스라고도 한다.
⑧ 조작량 : 제어요소가 제어대상에 주는 양으로 제어요소의 출력이면서 제어대상의 입력으로 사용된다.
⑨ 검출부 : 출력을 검출하는 장치(센서)이다.
⑩ 출력(output) : 궤환 시스템의 최종 출력을 나타내며 제어량이라고 한다.
⑪ 궤환요소(feedback) : 출력신호의 일부가 다시 입력신호에 영향을 주는 요소로서 제어대상을 제외한 나머지 장치들을 말한다.

2 실제 계산 요령

이러한 피드백 시스템에서의 여러 가지 양을 실제 계산하면 다음과 같다.

시스템	목표값	조작량	제어량
온도제어	25[℃]	연료조정	온도
속도세어	60[km/h]	기름의 양 조정	속도

제어 시스템의 분류

제어시스템을 분류하는 방법으로는 목표값에 의한 것과 제어량에 의한 것으로 나눌 수 있다.

1 목표 값에 의한 분류

제어 목표에 의한 제어 시스템의 분류는 일반적으로 시스템의 입력에 의한 분류로 부르며 다음과 같이 분류할 수 있다.

① 정치 제어 : 시간에 관계없이 값이 일정한 제어 방식이다.

② 추치 제어 : 시간에 따라 값이 변화하는 제어로서 다음과 같다.
  • 추종 제어 : 임의 시간적 변화를 하는 목표값에 제어량을 추종시키는 것을 목적으로 하는 제어기법으로 대공포의 포신제어나 안테나 자세 등이 해당된다.
  • 프로그램 제어 : 미리 정해진 프로그램에 따라 제어량을 변화시키는 것을 목적으로 하는 제어기법으로 무인제어으로 사용된다(무인열차, 무인엘리베이터, 무인자판기 등에 사용).
  • 비율 제어 : 목표값이 다른 것과 일정한 비례관계를 가지고 변화하는 경우에 사용 하는 제어기법으로 배터리 및 공기량제어 등에 사용된다.

2 제어량에 의한 분류

제어량에 의한 제어 시스템의 분류는 일반적으로 시스템의 출력량에 의한 분류로 부르며 다음과 같이 분류할 수 있다.

① 서보 기구(servo mechanism)

물체의 위치, 방위, 자세 등의 기계적 변위를 제어량으로 해서 목표값의 임의의 변화에 추종하도록 구성된 제어시스템을 말하며, 비행기 및 미사일 발사대의 자동 위치 조종 등이 이에 속한다.

② 프로세스 제어(process control)

제어량의 온도, 유량, 압력 등의 생산 공정 중의 상태량을 제어량으로 하는 제어로서 프로세스에 가해지는 외란의 억제를 목적으로 한다.

③ 자동조정(auto regulating)

전압, 전류, 주파수, 힘, 전기, 기계적량을 주로 제어하는 것으로서 응답 속도가 대단히 빨라야 하는 것이 특징이며 정전압 장치 발전기의 조속기 제어 등이 이에 속한다.

3 동작에 의한 분류

제어 동작이란 어떤 동작 신호에 따라 조작량을 제어 대상에 주어 제어 편차를 감소시키는 동작을 말하며, 이 제어 동작에 따라 분류하면 다음과 같다.

① 연속 제어
- 비례제어(P 제어) : 설정값과 제어량의 차인 오차의 크기에 비례하여 조작부를 제어하는 것으로 잔류편차 즉, 오프셋(off-set) 발생
- 적분제어(I 제어) : 적분값의 크기에 비례하여 조작부를 제어하는 것으로 잔류편차(오프셋)를 소멸
- 미분제어(D 제어) : 제어 오차가 검출될 때 오차가 변화하는 속도에 비례하여 조작량을 가감하는 동작으로서 오차가 커지는 것을 미연에 방지, rate 제어
- 비례·적분제어(PI 제어) : 잔류 편차 제거, 시간지연(정상상태 개선) 간헐 현상 발생

$$\text{PI 제어기} \quad y(t) = K\left[z(t) + \frac{1}{T_i}\int z(t)dt\right]$$

여기서, K는 비례감도, T_i는 적분시간

- 비례·미분제어(PD 제어) : 속응성 향상, 진동억제(과도상태 개선)

$$\text{PD 제어기} \quad y(t) = K\left[z(t) + T_d\frac{d}{dt}z(t)\right]$$

여기서, K는 비례감도, T_d는 미분시간

- 비례·미분·적분제어(PID 제어) : 속응성 향상, 잔류편차 제거

$$\text{PID 제어기} \quad y(t) = K\left[z(t) + \frac{1}{T_i}\int z(t)dt + T_d\frac{d}{dt}z(t)\right]$$

여기서, K는 비례감도, T_i는 적분시간, T_d는 미분시간

② 불연속 제어
- 샘플링제어(sampling 제어)
- ON-OFF 제어(2위치 제어계)

이론 요약

1. 피드백 제어 시스템의 기본구성

① 구성요소 용어 정리

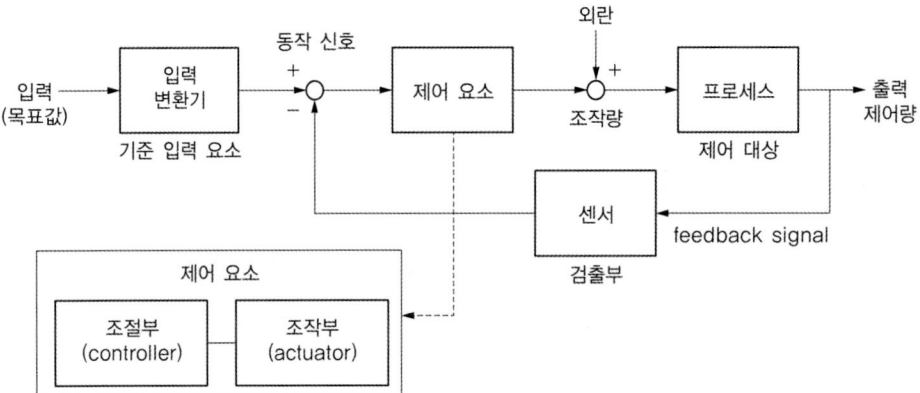

- 목표 값 : 입력 값, 설정 값
- 기준입력요소 : 설정부, 목표 값에 비례하는 기준입력 신호를 발생
- 동작신호 : 제어요소에 가해지는 신호, 기준입력과 주궤환의 차
- 제어요소 : 동작신호를 조작량으로 변환, 조절부와 조작부로 구성
- 검출부 : 출력을 검출하는 장치(센서)
- 제어량 : 출력 값

② 피드백 제어계의 특징
- 정확성 증가(오차 감소)
- 시스템의 특성 변화에 대한 입력 대 출력비의 감도 감소
- 대역폭 증가
- 시스템의 전체 이득 감소
- 필요장치 : 입력과 출력을 비교하는 장치

2. 제어 시스템의 분류

① 목표 값에 의한 분류 : 입력에 의한 분류
- 정치 제어 : 시간에 관계없이 값이 일정한 제어
- 추치 제어 : 시간에 따라 값이 변화하는 제어
    - 추종 제어 : 목표 값이 임의의 시간적 변화(대공포, 레이더, 태양고도 추적)
    - 프로그램 제어 : 미리 정해진 신호에 따라 동작(무인 제어)
    - 비율 제어

② 제어량에 의한 분류
- 서보 기구 : 위치, 방향, 자세, 거리, 각도
- 프로세스 제어 : 농도, 온도, 압력, 유량, 습도
- 자동 조정 : 회전수, 전압, 주파수

③ 연속 제어
- 비례제어(P 제어) : 잔류 편차(off set) 발생
- 비례·적분제어(PI 제어) : 잔류 편차 제거, 시간 지연(정상상태 개선), 간헐 현상 발생
- 비례·미분제어(PD 제어) : 속응성 향상, 진동 억제(과도상태 개선)
- 비례·미분·적분제어(PID 제어) : 속응성 향상, 잔류 편차 제거

④ 불연속 제어
- 샘플링제어(sampling 제어)
- ON-OFF 제어(2위치 제어계)

CHAPTER 01 필수 기출문제

꼭! 나오는 문제만 간추린

01 다음 중 개루프 시스템의 주된 장점이 아닌 것은?
① 원하는 출력을 얻기 위해 보정해 줄 필요가 없다.
② 구성하기 쉽다.
③ 구성단가가 낮다.
④ 보수 및 유지가 간단하다.

해설 개루프 시스템(Open loop system)
• 원하는 출력을 얻기 위해 보정해 줄 필요가 있다(오차 발생).
• 구성하기 쉽다고 가격이 저렴
• 보수 및 유지가 간단
【답】①

02 피드백 제어계의 특징이 아닌 것은?
① 정확성이 증가한다.
② 대역폭이 증가한다.
③ 구조가 간단하고 설치비가 저렴하다.
④ 계의 특성 변화에 대한 입력 대 출력비의 감도가 감소한다.

해설 피드백 제어계의 특징
• 정확성 증가(오차 감소)
• 대역폭 증가
• 시스템의 특성 변화에 대한 입력 대 출력비의 감도 감소
• 시스템의 전체 이득 감소
【답】③

03 ★★★★★ 제어 요소는 무엇으로 구성되는가?
① 검출부
② 검출부와 조절부
③ 검출부와 조작부
④ 조작부와 조절부

해설 제어요소 : 동작신호를 조작량으로 변환. 조절부와 조작부로 구성
【답】④

04 ★★★★★ 제어 장치가 제어 대상에 가하는 제어 신호로 제어 장치의 출력인 동시에 제어 대상의 입력인 신호는?
① 목표값
② 조작량
③ 제어량
④ 동작 신호

해설 제어시스템 구성요소 용어 정리
• 동작신호 : 제어요소에 가해지는 신호
• 조작량 : 제어요소가 제어 대상에 주는 양
【답】②

05 제어량의 종류에 의한 자동 제어의 분류가 아닌 것은?
① 프로세스 제어
② 서보 기구
③ 자동 조정
④ 추종 제어

해설 제어량에 의한 분류
- 서보 기구(servo mechanism) : 기계적인 변위량. 위치, 방향, 자세, 거리, 각도 등
- 프로세스 제어(process control) : 공업공정의 상태량. 밀도, 농도, 온도, 압력, 유량, 습도 등
- 자동 조정(auto regulating) : 전기적, 기계적 신호. 회전수, 전압, 주파수 등

【답】 ④

06 서보 기구에서 직접 제어되는 제어량은 주로 어느 것인가?
① 압력, 유량, 액위, 온도
② 수분, 화학성분
③ 위치, 각도, 방향, 자세
④ 전압, 전류, 회전속도, 회전력

해설 제어량에 의한 분류
- 서보 기구(servo mechanism) : 기계적인 변위량. 위치, 방향, 자세, 거리, 각도 등

【답】 ③

07 온도, 유량, 압력 등의 공업 프로세스 상태량을 제어량으로 하는 제어계로서 프로세스에 가해지는 외란의 억제를 주목적으로 하는 것은?
① 프로세스 제어
② 자동 조정
③ 서보기구
④ 정치제어

해설 프로세스 제어(process control) : 공업공정의 상태량.
밀도, 농도, 온도, 압력, 유량, 습도 등

【답】 ①

08 다음의 제어량에서 추종 제어에 속하지 않는 것은?
① 유량
② 위치
③ 방위
④ 자세

해설 추종 제어에 속하는 제어량의 분류는 서보기구이며, 위치, 방향, 자세, 각도 등을 제어량으로 한다.

【답】 ①

09 엘리베이터의 자동 제어는 다음 중 어느 것에 속하는가?
① 추종 제어
② 프로그램 제어
③ 정치 제어
④ 비율 제어

해설 추치 제어 : 시간에 따라 값이 변화하는 제어
- 추종 제어 : 목표값이 임의의 시간적 변화(대공포, 레이더)
- 프로그램 제어 : 미리 정해진 신호에 따라 동작(무인열차, 무인엘리베이터, 무인자판기)
- 비율 제어 : 시간에 비례하여 변화(배터리, 공기량)

【답】 ②

10 열차의 무인 운전을 위한 제어는 어느 것에 속하는가?
① 정치 제어
② 추종 제어
③ 비율 제어
④ 프로그램 제어

해설 프로그램 제어 : 미리 정해진 신호에 따라 동작(무인열차, 무인엘리베이터, 무인자판기)

【답】 ④

11 다음 중 불연속 제어계는?
① 비례 제어
② 미분 제어
③ 적분 제어
④ on-off 제어

해설 불연속 제어
- 샘플링 제어(sampling 제어)
- ON-OFF 제어

【답】④

12 잔류 편차(offset)를 일으키는 제어는?
① 비례 제어
② 미분 제어
③ 적분 제어
④ 비례 적분 미분 제어

해설 연속 제어
- 비례 제어(P 제어) : 잔류 편차(off set) 발생
- 비례·적분제어(PI 제어) : 잔류 편차 제거, 시간지연(정상상태 개선)
- 비례·미분제어(PD 제어) : 속응성 향상, 진동 억제(과도상태 개선)
- 비례·미분·적분제어(PID 제어) : 속응성 향상, 잔류 편차 제거

【답】①

13 off-set을 제거하기 위한 제어법은?
① 비례 제어
② 적분 제어
③ on-off 제어
④ 미분 제어

해설 연속 제어
- 비례 제어(P 제어) : 잔류 편차(off set) 발생
- 적분 제어(I 제어) : 잔류 편차 제거, 시간지연(정상상태 개선). 간헐 현상 발생
- 미분 제어(D 제어) : 속응성 향상, 진동 억제(과도 상태 개선). rate제어

【답】②

14 동작 중 속응도와 정상 편차에서 최적 제어가 되는 것은?
① PI동작
② P동작
③ PD동작
④ PID동작

해설
- PI제어 : 적분기, 지상회로, 정상상태 개선
- PD제어 : 미분기, 진상회로, 과도상태 개선 및 속응성 개선
- PID제어 : 정상상태와 과도상태 동시 개선

【답】④

CHAPTER 02 라플라스 변환

라플라스 변환의 정의 · 각 함수들의 라플라스 변환 · 라플라스 변환의 정리 · 역라플라스 변환

라플라스 변환(Laplace Transform)은 제어 시스템의 설계 및 해석을 위한 선형 미분방정식의 해를 구하는 데 매우 중요한 변환이다. 이것은 시간의 영역에서 해석하기 어려운 문제들을 복소 영역의 S함수로서 표현하는 대수함수의 형태이다.

라플라스 변환을 제어 시스템에 적용하는 방법을 간략히 기술하면 제어 시스템의 모델링을 수행하면 항상 미분방정식의 형태로 되며 이 미분방정식을 세운 다음 라플라스 변환을 하여 전달함수를 구하고 된다. 그러나 우리가 제어를 하려는 영역은 시간영역(time domain)이므로 다시 라플라스 역변환(Inverse Laplace Transform)을 수행하여 시간영역의 해를 구하게 된다. 또한 자동 제어계를 이해하기 위하여 블록선도(Block Diagram)를 이용하여 블록의 입력과 출력의 관계식을 나타내는 전달함수가 필요하며 이 전달함수를 구하기 위하여 라플라스 변환은 반드시 필요하게 된다.

라플라스 변환의 정의

시간함수 $f(t)$에 e^{-st}를 곱하여 이것을 $-\infty$에서부터 ∞까지 시간에 대하여 적분한 것을 라플라스 변환식이라고 하며 통상 공학용으로 사용되는 라플라스 변환은 $f(t) < 0$인 구간에서는 $f(t)$를 0으로 정의하여 다음과 같은 식을 라플라스 변환식이라고 하고 $\mathcal{L}[f(t)]$ 또는 $F(s)$라 한다.

라플라스 변환의 정의 식은 다음과 같다.

$$\mathcal{L}[f(t)] = F(s) = \int_0^\infty f(t)e^{-st}dt$$

여기서, s는 복소변수(complex variable)이며 $s = \sigma + j\omega$로 표현된다.

각 함수들의 라플라스 변환

1. **단위 계단 함수(Unit step function) : $u(t) = 1$**

    단위 계단 함수(Unit step function)의 라플라스 변환은 다음과 같다.

    $f(t) = u(t) \quad \begin{bmatrix} t < 0 & f(t) = 0 \\ t \geq 0 & f(t) = 1 \end{bmatrix}$

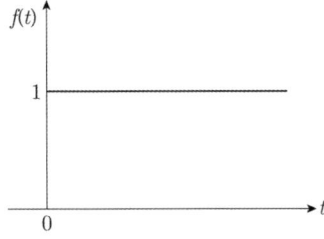

$$\mathcal{L}[f(t)] = F(s) = \int_0^\infty 1 \cdot e^{-st}dt = \left[-\frac{1}{s}e^{-st}\right]_0^\infty = \left[0 - \left(-\frac{1}{s}\right)\right] = \frac{1}{s}$$

따라서 상수의 라플라스 변환은 상수에 $\frac{1}{s}$ 배를 하면 라플라스 변환값을 구할 수 있다.

② **단위 임펄스 함수(Unit impulse function) : $\delta(t)$**

단위 임펄스 함수(Unit impulse function)는 면적이 1이고 지속시간이 짧은 펄스 함수이며 라플라스 변환은 다음과 같다.

$$f(t) = f(t)\begin{bmatrix} t \neq 0 &,& 0 \\ t = 0 &,& \infty \end{bmatrix}$$

$$\delta(t) = \lim_{\epsilon \to 0}\frac{1}{\epsilon}\{u(t) - u(t-\epsilon)\}$$

$$\mathcal{L}[f(t)] = F(s) = \lim_{\epsilon \to 0}\int_0^\infty \delta(t)\, e^{-st}dt$$

$$= \lim_{\epsilon \to 0}\int_0^\infty \frac{1}{\epsilon}[u(t) - u(t-\epsilon)]e^{-st}dt$$

$$= \lim_{\epsilon \to 0}\frac{1}{\epsilon}\frac{1-e^{-\epsilon s}}{s} = 1$$

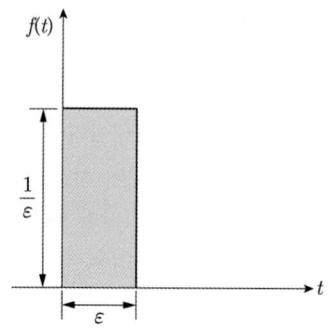

③ **단위 경사함수(단위 램프함수, Unit ramp function) : $f(t) = tu(t)$**

단위 경사함수(단위 램프함수, Unit ramp function)의 라플라스변환은 다음과 같다.

$$\mathcal{L}[t] = \int_0^\infty te^{-st}dt = \left[-\frac{t}{s}e^{-st}\right]_0^\infty - \int_0^\infty -\frac{1}{s}e^{-st}dt = 0 + \frac{1}{s^2}$$

부분적분 전개법을 이용하면

$$\int u.dv = u.v - \int v.du$$

$u = t,\ du = dt$

$dv = e^{-st}dt,\ v = -\frac{1}{s}e^{-st}$

따라서 단위 램프함수, Unit ramp function의 라플라스변환은

$$\int_0^\infty te^{-st}dt = \left[t\frac{-e^{-st}}{s}\right]_0^\infty - \int_0^\infty -\frac{e^{-st}}{s}dt = \left[-\frac{1}{s^2}e^{-st}\right]_0^\infty = \left[0 - \left(-\frac{1}{s^2}\right)\right] = \frac{1}{s^2}$$

④ **지수 감쇠 함수 : $f(t) = e^{-at}$**

지수 감쇠 함수의 라플라스변환은 다음과 같다.

$$\mathcal{L}[e^{-at}] = \int_0^\infty e^{-at}e^{-st}dt = \int_0^\infty e^{-(s+a)t}dt = \left[-\frac{1}{s+a}e^{-(s+a)t}\right]_0^\infty = \frac{1}{s+a}$$

5 **시간 함수** : $f(t) = t^n$

시간 함수의 라플라스변환은 다음과 같다.

$$\mathcal{L}[t^n] = \int_0^\infty t^n e^{-st} dt = \frac{n!}{s^{n+1}}$$

6 **삼각 함수**

삼각 함수의 라플라스변환은 오일러의 공식을 이용하며 다음과 같다.

오일러의 정리
$$e^{j\theta} = \cos\theta + j\sin\theta$$
$$e^{-j\theta} = \cos\theta - j\sin\theta$$

여기서, $\sin\theta = \frac{1}{2j}(e^{j\theta} - e^{-j\theta})$, $\cos\theta = \frac{1}{2}(e^{j\theta} + e^{-j\theta})$

① $\sin\omega t = \frac{1}{2j}(e^{j\omega t} - e^{-j\omega t})$

$$\mathcal{L}[\sin\omega t] = \int_0^\infty \frac{1}{2j}(e^{j\omega t} - e^{-j\omega t})e^{-st}dt$$

$$= \frac{1}{2j}\int_0^\infty \{e^{-(s-j\omega)t} - e^{-(s+j\omega)t}\}dt$$

$$= \frac{1}{2j}\left[\frac{1}{s-j\omega} - \frac{1}{s+j\omega}\right] = \frac{\omega}{s^2+\omega^2}$$

② $\cos\omega t = \frac{1}{2}(e^{j\omega t} + e^{-j\omega t})$

$$\mathcal{L}[\cos\omega t] = \int_0^\infty \frac{1}{2}(e^{j\omega t} + e^{-j\omega t})e^{-st}dt$$

$$= \frac{1}{2}\int_0^\infty \{e^{-(s-j\omega)t} + e^{-(s+j\omega)t}\}dt$$

$$= \frac{1}{2}\left[\frac{1}{s-j\omega} + \frac{1}{s+j\omega}\right] = \frac{s}{s^2+\omega^2}$$

7 **쌍곡선 함수**

쌍곡선 함수의 라플라스변환은 쌍곡선 함수를 지수함수의 형태로 바꾸어 이용하며 다음과 같다.

$$\sinh\omega t = \frac{1}{2}(e^{\omega t} - e^{-\omega t})$$

$$\cosh\omega t = \frac{1}{2}(e^{\omega t} + e^{-\omega t})$$

① $\sinh\omega t = \dfrac{1}{2}(e^{\omega t} - e^{-\omega t})$

$$\mathcal{L}[\sinh\omega t] = \int_0^\infty \dfrac{1}{2}(e^{\omega t} - e^{-\omega t})e^{-st}dt$$

$$= \dfrac{1}{2}\int_0^\infty \{e^{-(s-\omega)t} - e^{-(s+\omega)t}\}dt$$

$$= \dfrac{1}{2}\left[\dfrac{1}{s-\omega} - \dfrac{1}{s+\omega}\right]$$

$$= \dfrac{1}{2}\left(\dfrac{2\omega}{s^2-\omega^2}\right) = \dfrac{\omega}{s^2-\omega^2}$$

② $\cosh\omega t = \dfrac{1}{2}(e^{\omega t} + e^{-\omega t})$

$$\mathcal{L}[\cosh\omega t] = \int_0^\infty \dfrac{1}{2}(e^{\omega t} + e^{-\omega t})e^{-st}dt$$

$$= \dfrac{1}{2}\int_0^\infty \{e^{-(s-\omega)t} + e^{-(s+\omega)t}\}dt$$

$$= \dfrac{1}{2}\left[\dfrac{1}{s-\omega} + \dfrac{1}{s+\omega}\right]$$

$$= \dfrac{1}{2}\left(\dfrac{2s}{s^2-\omega^2}\right) = \dfrac{s}{s^2-\omega^2}$$

기본함수의 라플라스 변환을 정리하면 다음과 같다.

	$f(t)$	$F(s)$
단위 임펄스 함수	$\delta(t)$	1
단위 계단 함수	$u(t)$	$\dfrac{1}{s}$
단위 램프 함수	t	$\dfrac{1}{s^2}$
	t^n	$\dfrac{n!}{s^{n+1}}$
정현(여현)파 함수	$\sin\omega t$	$\dfrac{\omega}{s^2+\omega^2}$
정현(여현)파 함수	$\cos\omega t$	$\dfrac{s}{s^2+\omega^2}$
지수 감쇠 함수	e^{-at}	$\dfrac{1}{s+a}$
쌍곡선 함수	$\sinh\omega t$	$\dfrac{\omega}{s^2-\omega^2}$
쌍곡선 함수	$\cosh\omega t$	$\dfrac{s}{s^2-\omega^2}$

라플라스 변환의 정리

라플라스 변환의 여러 정리는 다음과 같다.

1 선형정리

선형(Linearity)은 두 가지 조건 즉, 부가성과 동질성이 동시에 성립되는 경우인데 라플라스 변환은 이 두 가지 조건을 만족한다. 따라서 실수배가 가능하며 두 함수의 합과 차도 구할 수 있다.

$f_1(t)$과 $f_2(t)$에 각각 K_1과 K_2라는 상수가 곱해져 있는 다음과 같은 함수의 라플라스 변환을 구하면

$$f(t) = K_1 f_1(t) \pm K_2 f_2(t)$$

$$\mathcal{L}[f(t)] = F(s) = \int_0^\infty [K_1 f_1(t) \pm K_2 f_2(t)] e^{-st} dt$$

$$= K_1 \int_0^\infty f_1(t) e^{-st} dt \pm K_2 \int_0^\infty f_2(t) e^{-st} dt$$

$$= K_1 F_1(s) \pm K_2 F_2(s)$$

2 시간 이동 정리

$K > 0$이고 $t \leq K$에서 $f(t-T)$인 함수는 시간이 t에서 T만큼 이동된 형태이며 이 함수의 라플라스 변환은 다음과 같으며 이것은 $f(t)$의 라플라스 변환에 시간이 T만큼 지연된 e^{-Ts}를 곱한 형태이다.

$$\mathcal{L}[f(t-T)] = \int_o^\infty f(t-T) e^{-st} dt$$

$t - T = \tau$ 라 놓으면,
$dt = d\tau, t = \tau + T$ 이므로

$$\mathcal{L}[f(t-T)] = \int_0^\infty f(\tau) e^{-s(\tau+T)} d\tau = \int_0^\infty f(\tau) e^{-st} e^{-T_s} d\tau = e^{-T_s} F(s)$$

예 1) 시간 이동 함수의 라플라스 변환
$f(t) = u(t) - u(t-2)$에서
라플라스 변환을 하면
$F(s) = \mathcal{L}[f(t)] = \mathcal{L}[u(t) - u(t-2)]$
$= \dfrac{1}{s} - \dfrac{1}{s} e^{-2s} = \dfrac{1}{s}(1 - e^{-2s})$

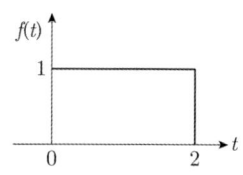

예 2) 시간 이동 함수의 라플라스 변환
$f(t) = u(t-a) - u(t-b)$에서
라플라스 변환을 하면
$F(s) = \mathcal{L}[f(t)] = \mathcal{L}[u(t-a) - u(t-b)]$
$= \dfrac{1}{s} e^{-as} - \dfrac{1}{s} e^{-bs} = \dfrac{1}{s}(e^{-as} - e^{-bs})$

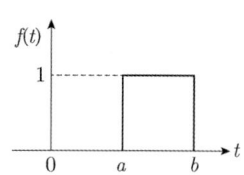

예 3) 시간이동 함수의 라플라스 변환

함수 $f(t) = \dfrac{E}{T}tu(t) - \dfrac{E}{T}(t-T)u(t-T) - Eu(t-T)$

라플라스 변환하면

$$F(s) = \mathcal{L}[f(t)] = \dfrac{E}{T} \cdot \dfrac{1}{s^2} - \dfrac{E}{T}\dfrac{1}{s^2}e^{-Ts} - \dfrac{E}{s}e^{-Ts}$$

$$= \dfrac{E}{Ts^2}(1 - e^{-Ts} - Tse^{-Ts})$$

$$= \dfrac{E}{Ts^2}[1 - (Ts+1)e^{-Ts}]$$

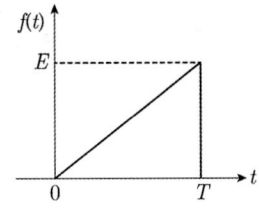

3 복소추이 정리

함수 $e^{\pm at}f(t)$의 라플라스 변환은 $f(t)$에 $e^{\pm at}$가 곱해져 있는 형태로 이것은 라플라스 변환식 $F(s)$에서 s 대신 $(s \mp a)$를 대입한 것이다.

$$\mathcal{L}[e^{\pm at}f(t)] = \int_0^\infty f(t)e^{\pm at}e^{-st}dt = \int_0^\infty f(t)e^{-(s \mp a)t}dt = F(s \mp a)$$

예) $\mathcal{L}[e^{at}\sin\omega t] = F(s)\big|_{s=s-a} = \dfrac{\omega}{(s-a)^2 + \omega^2}$

$\mathcal{L}[e^{-at}\cos\omega t] = F(s)\big|_{s=s+a} = \dfrac{s+a}{(s+a)^2 + \omega^2}$

4 복소미분정리

$f(t)$의 라플라스 변환이 가능하여 $\mathcal{L}[f(t)] = F(s)$이면

$\mathcal{L}[t^n f(t)] = (-1)^n \dfrac{d^n}{ds^n}F(s)$ 이다.

5 복소적분정리

$f(t)$의 라플라스 변환이 가능하여 $\mathcal{L}[f(t)] = F(s)$이면

$\mathcal{L}\left[\dfrac{f(t)}{t}\right] = \int_s^\infty F(s)ds$

6 실미분정리

시간 함수 $f(t)$의 라플라스 변환이 $F(s)$일 때,

그 함수의 미분 $\dfrac{df(t)}{dt}$의 라플라스 변환은 다음과 같은 방법으로 한다.

$$\mathcal{L}\left[\dfrac{df(t)}{dt}\right] = \int_0^\infty \dfrac{df(t)}{dt}e^{-st}dt = sF(s) - \lim_{t \to 0}f(t) = sF(0) - f(0)$$

만약 초기값이 없는 시스템이라면, $f(0) = 0$이 되며

이때 라플라스 변환은 $\mathcal{L}\left[\dfrac{df(t)}{dt}\right] = sF(s)$이며 $\mathcal{L}\left[\dfrac{d}{dt}\right] = s$로 된다.

일반적으로 $f(t)$의 n차 미분방정식에 대하여 고려해 보면 다음과 같다.

$$\mathcal{L}\left[\dfrac{d^n f(t)}{dt^n}\right] = s^n F(s) - \lim_{t \to 0}\left[s^{n-1}f(t) + s^{n-2}\dfrac{df(t)}{dt} + \cdots + \dfrac{d^{n-1}f(t)}{dt^{n-1}}\right]\}$$

$$= s^n F(s) - s^{n-1}f(0) - s^{n-2}f^{(1)}(0) - \cdots - f^{(n-1)}(0)$$

만약 시스템의 초기값이 0이면 $\mathcal{L}\left[\dfrac{df(t)}{dt}\right] = sF(s)$이며 간단히 $\dfrac{d}{dt} \to s$로 변환할 수 있으며 이것은 $f(t)$의 1차 미분의 경우 $f(t)$의 라플라스 변환은 s로 곱한 것과 같다.

예 $\mathcal{L}[\dfrac{d}{dt}f(t)] = sF(s) - f(0_+)$

$\mathcal{L}[\dfrac{d^2}{dt^2}f(t)] = s^2 F(s) - sf(0) - f'(0)$

7 실적분정리

시간 함수 $f(t)$의 라플라스 변환이 $F(s)$일 때 적분 요소의 라플라스 변환은 다음과 같은 방법으로 구할 수 있다.

$$\mathcal{L}\left[\int f(t)dt\right] = \int_0^\infty \left[\int_0^\infty \dfrac{df(t)}{dt}\right]e^{-st}dt$$

$$= \left[\left\{\int f(t)dt\right\}\left\{\dfrac{1}{-s}e^{-st}\right\}\right]_0^\infty - \int_0^\infty f(t)\left(\dfrac{1}{-s}e^{-st}\right)dt$$

$$= \dfrac{1}{s}F(s) + \dfrac{1}{s}f^{(-1)}(0)$$

만약 시스템의 초기값이 0이면 $\mathcal{L}\left[\int f(t)dt\right] = \dfrac{1}{s}F(s)$이며 간단히 $\int dt \to \dfrac{1}{s}$로 변환할 수 있으며 이것은 $f(t)$의 1차 적분의 경우 $f(t)$의 라플라스 변환은 s로 나눈 것과 같다.

일반적으로 n차 적분에 대한 라플라스 변환은 다음 식과 같다.

$$\mathcal{L}\left[\int\int\cdots\int f(t)dt^n\right] = \dfrac{1}{s^n}F(s) + \dfrac{1}{s^n}f^{(-1)}(0) + \cdots + \dfrac{1}{s^2}f^{(-n+1)}(0) + \dfrac{1}{s}f^{(-1)}(0)$$

만약 모든 초기값을 0이라고 하면,

$\mathcal{L}\left[\int\int\cdots\int f(t)dt^n\right] = \dfrac{1}{s^n}F(s)$로 계산된다.

⑧ 초기값 정리

시스템의 초기값을 구하기 위해서 많이 사용하는 초기치 정리는 다음과 같이 정의할 수 있다.

$$f(0_+) = \lim_{t \to 0} f(t) = \lim_{s \to \infty} sF(s)$$

⑨ 최종값(정상값) 정리

시스템의 정상상태 값인 최종값을 구하기 위해 사용되는 최종치의 정리는 다음과 같이 정의한다.

$$f(\infty) = \lim_{t \to \infty} f(t) = \lim_{s \to 0} sF(s)$$

라플라스의 성질을 정리하면 다음과 같다.

구분	식
선형 정리	$\mathcal{L}[af_1(t) + bf_1(t)] = aF_1(s) + bF_2(s)$
시간추이 정리	$\mathcal{L}[f(t-a)] = e^{-as}F(s)$
복소추이 정리	$\mathcal{L}[e^{-at}f(t)] = F(s+a)$ → 원함수가 지수함수의 영향
복소 미분 정리	$\mathcal{L}[t^n f(t)] = (-1)^n \dfrac{d^n}{ds^n} F(s)$
실미분정리	$\mathcal{L}\left[\dfrac{d^n}{dt^n} f(t)\right] = s^n F(s) - s^{n-1} f(0_+) - s^{n-2} f'(0_+) \cdots - s^0 f^{n-1}(0_+)$ $= s^n F(s) - \sum_{k=1}^{n} s^{n-k} f^{k-1}(0_+)$
실적분정리	$\mathcal{L}\int\int\cdots\int f(t)dt^n = \dfrac{1}{s^n}F(s) + \dfrac{1}{s^n}f^{(-1)}(0_+) + \cdots + \dfrac{1}{s^2}f^{(-n+1)}(0_+) + \dfrac{1}{s}f^{(-n)}(0_+)$ 만약 모든 초기값 0이면 $\mathcal{L}\int\int\cdots\int f(t)dt^n = \dfrac{1}{s^n}F(s)$
초기값 정리	$\lim_{t \to 0} f(t) = \lim_{s \to \infty} sF(s)$
최종값 정리	$\lim_{t \to \infty} f(t) = \lim_{s \to 0} sF(s)$

역라플라스 변환

복소함수 $F(s)$의 함수를 시간영역인 $f(t)$로 환원하여 미분방정식의 해를 구하게 된다.
이러한 과정을 라플라스역변환(Inverse Laplace Transform)이라 한다.
그 식은 다음과 같다.

$$\mathcal{L}^{-1}[F(s)] = \frac{1}{2\pi j}\int_{c-j\omega}^{c+j\omega} F(s) \cdot e^{st} dt = f(t)$$

라플라스 변환은 라플라스 변환표를 이용하는 방법과 유리수인 경우로 나누어서 계산할 수 있다.

1 라플라스 변환표을 이용하는 방법

	$F(s)$	$f(t)$
단위 임펄스 함수	1	$\delta(t)$
단위 계단 함수	$\dfrac{1}{s}$	$u(t)$
단위 램프 함수	$\dfrac{1}{s^2}$	t
	$\dfrac{n!}{s^{n+1}}$	t^n
정현(여현)파 함수	$\dfrac{\omega}{s^2+\omega^2}$	$\sin \omega t$
	$\dfrac{s}{s^2+\omega^2}$	$\cos \omega t$
지수 감쇠 함수	$\dfrac{1}{s+a}$	e^{-at}
쌍곡선 함수	$\dfrac{\omega}{s^2-\omega^2}$	$\sinh \omega t$
	$\dfrac{s}{s^2-\omega^2}$	$\cosh \omega t$

① $\mathcal{L}^{-1}[\dfrac{1}{s+a}] = e^{-at}$

② $\mathcal{L}^{-1}[\dfrac{s}{s+b}] = \mathcal{L}^{-1}\left[1 - \dfrac{b}{s+b}\right] = \delta(t) - be^{-bt}$

③ $\mathcal{L}^{-1}\dfrac{1}{(s+a)^2} = \dfrac{1}{s^2}|_{s=s+a} = t \cdot e^{-at}$

2 유리수인 경우

유리수인 경우의 라플라스 역변환은 분모가 인수 분해되는 경우는 부분분수 전개를 이용하여 구하며 분모가 인수 분해되지 않는 경우에는 완전 제곱형으로 구한다.

① 분모가 인수 분해되는 경우(부분분수 전개)

- 단순근인 경우

$$F(s) = \frac{2s+3}{(s+1)(s+2)} = \frac{K_1}{s+1} + \frac{K_2}{s+2}$$

$$K_1 = \lim_{s \to -1}(s+1)F(s) = \left[\frac{2s+3}{s+2}\right]_{s=-1} = 1$$

$$K_2 = \lim_{s \to -2}(s+2)F(s) = \left[\frac{2s+3}{s+1}\right]_{s=-2} = 1$$

$$F(s) = \frac{1}{s+1} + \frac{1}{s+2}$$

$$\therefore f(t) = \mathcal{L}^{-1}[F(s)] = \mathcal{L}^{-1}\left[\frac{1}{s+1} + \frac{1}{s+2}\right] = e^{-t} + e^{-2t}$$

- 중복근인 경우

$$F(s) = \frac{s}{(s+1)^2} = \frac{A}{(s+1)^2} + \frac{B}{s+1}$$

여기서, $A = \lim_{s \to -1} s = -1$

$B = \lim_{s \to -1} \frac{d}{ds}(s) = 1$ 에서

$$\frac{s}{(s+1)^2} = \frac{-1}{(s+1)^2} + \frac{1}{s+1}$$

$$\therefore f(t) = e^{-t} - te^{-t}$$

- 단순근과 중복근의 결합

$$F(s) = \frac{1}{(s+2)^2(s+1)} = \frac{K_1}{(s+2)^2} + \frac{K_2}{s+2} + \frac{K_3}{s+1}$$

만약 다중근인 경우 근의 개수만큼 아래와 같이 연산한다.

$$(\text{ex}) \ \frac{1}{(s+1)^3} \Rightarrow \frac{K_1}{(s+1)^3} + \frac{K_2}{(s+1)^2} + \frac{K_3}{s+1}$$

$(s \Rightarrow -2)$ $\quad K_1 = \lim_{s \to -2}(s+2)^2 \cdot \frac{1}{(s+2)^2(s+1)}$

$$= \lim_{s \to -2} \frac{1}{s+1} = -1$$

$(s \Rightarrow -2)$ $K_2 = \lim_{s \to -2} \dfrac{d}{ds}(s+2)^2 \cdot \dfrac{1}{(s+2)^2(s+1)}$

$= \lim_{s \to -2} \dfrac{d}{ds}\left(\dfrac{1}{s+1}\right) = \lim_{s \to -2} \dfrac{-1}{(s+1)^2} = -1$

$(s \Rightarrow -1)$ $K_3 = \lim_{s \to -1}(s+1) \cdot \dfrac{1}{(s+2)^2(s+1)}$

$= \lim_{s \to -1} \dfrac{1}{(s+2)^2} = 1$

$\therefore \quad F(s) = \dfrac{-1}{(s+2)^2} + \dfrac{-1}{s+2} + \dfrac{1}{s+1}$

$f(t) = \mathcal{L}^{-1}[F(s)] = \mathcal{L}^{-1}\left[\dfrac{-1}{(s+2)^2} + \dfrac{-1}{s+2} + \dfrac{1}{s+1}\right]$

$= -te^{-2t} - e^{-2t} + e^{-t}$

② 분모가 인수 분해되지 않는 경우 : 완전제곱형

㉠ $F(s) = \dfrac{s+2}{s^2+4s+13} = \dfrac{s+2}{s^2+4s+4+9}$

$= \dfrac{s+2}{(s+2)^2+3^2}$ 이므로

복소추이를 이용하면 $\therefore f(t) = e^{-2t}\cos 3t$

㉠ $F(s) = \dfrac{4s+16}{s^2+8s+20} = 4 \cdot \dfrac{s+4}{s+8s+16+4}$

$= 4 \cdot \dfrac{s+4}{(s+4)^2+2^2}$

역라플라스 변환하면 $f(t) = 4e^{-4t}\cos 2t$ 가 된다.

㉠ $F(s) = \dfrac{1}{s^2+2s+5} = \dfrac{1}{2} \cdot \dfrac{2}{(s+1)^2+2^2}$ 이므로

라플라스 역변환하면 $f(t) = \dfrac{1}{2}e^{-t}\sin 2t$

이론 요약

1. 라플라스 변환의 정의

$$F(s) = \mathcal{L}[f(t)] = \int_0^\infty f(t)e^{-st}dt$$

2. 라플라스 변환표

	$f(t)$	$F(s)$
단위 임펄스 함수	$\delta(t)$	1
단위 계단 함수	$u(t)$	$\dfrac{1}{s}$
단위 램프 함수	t	$\dfrac{1}{s^2}$
	t^n	$\dfrac{n!}{s^{n+1}}$
지수 감쇠 함수	e^{-at}	$\dfrac{1}{s+a}$
정현(여현)파 함수	$\sin\omega t$	$\dfrac{\omega}{s^2+\omega^2}$
	$\cos\omega t$	$\dfrac{s}{s^2+\omega^2}$
쌍곡선 함수	$\sinh\omega t$	$\dfrac{\omega}{s^2-\omega^2}$
	$\cosh\omega t$	$\dfrac{s}{s^2-\omega^2}$

3. 라플라스 변환의 성질

선형 정리	$\mathcal{L}[af_1(t)+bf_1(t)] = aF_1(s)+bF_2(s)$
시간추이 정리	$\mathcal{L}[f(t-a)] = e^{-as}F(s)$
복소추이 정리	$\mathcal{L}[e^{\pm at}f(t)] = F(s\mp a)$
복소 미분 정리	$\mathcal{L}[t^n f(t)] = (-1)^n \dfrac{d^n}{ds^n}F(s)$
실미분 정리	$\mathcal{L}\left[\dfrac{d^n}{dt^n}f(t)\right] = s^n F(s) - s^{n-1}f(0+) - s^{n-2}f'(0+) \cdots - s^0 f^{n-1(0+)}$ $= s^n F(s) - \sum\limits_{k=1}^{n} s^{n-k}f^{k-1}(0+)$
실적분 정리	$\mathcal{L}\int\int\cdots\int f(t)dt^n = \dfrac{1}{s^n}F(s)$
초기값 정리	$f(0_+) = \lim\limits_{t\to 0}f(t) = \lim\limits_{s\to\infty}sF(s)$
최종값 정리	$f(\infty) = \lim\limits_{t\to\infty}f(t) = \lim\limits_{s\to 0}sF(s)$

4. 역라플라스 변환 : $\mathcal{L}^{-1}[F(s)] = f(t)$

① 라플라스 변환표를 이용하는 방법
② 라플라스 변환된 함수가 유리수인 경우
- 분모가 인수분해 되는 경우 : 부분분수 전개 방식
- 분모가 인수분해 되지 않는 경우 : 완전제곱형

CHAPTER 02 필수 기출문제

꼭! 나오는 문제만 간추린

01 함수 $f(t)$의 라플라스 변환은 어떤 식으로 정의되는가?

① $\int_{-\infty}^{\infty} f(t)e^{st}dt$
② $\int_{-\infty}^{\infty} f(t)e^{-st}dt$
③ $\int_{0}^{\infty} f(t)e^{-st}dt$
④ $\int_{0}^{\infty} f(t)e^{st}dt$

해설 라플라스 변환 식 $\mathcal{L}[f(t)] = F(s) = \int_{0}^{\infty} f(t)e^{-st}dt$

【답】③

02 단위 임펄스 함수 $\delta(t)$의 라플라스 변환은?

① 0
② 1
③ $\dfrac{1}{s}$
④ $\dfrac{1}{s+a}$

해설 라플라스 변환표

	$f(t)$	$F(s)$
단위 임펄스 함수	$\delta(t)$	1

【답】②

03 단위 계단 함수 $u(t)$의 라플라스 변환은?

① e^{-st}
② $\dfrac{1}{s}e^{-st}$
③ $\dfrac{1}{e^{-st}}$
④ $\dfrac{1}{s}$

해설 단위 계단함수의 라플라스 변환
$\mathcal{L}[u(t)] = F(s) = \int_{0}^{\infty} 1 \cdot e^{-st}dt = \left[-\dfrac{1}{s}e^{-st}\right]_{0}^{\infty} = \left[0 - \left(-\dfrac{1}{s}\right)\right] = \dfrac{1}{s}$

【답】④

04 $e^{j\omega t}$의 라플라스 변환은?

① $\dfrac{1}{s-j\omega}$
② $\dfrac{1}{s+j\omega}$
③ $\dfrac{1}{s^2+\omega^2}$
④ $\dfrac{\omega}{s^2+\omega^2}$

해설 지수함수의 라플라스 변환 $\mathcal{L}[e^{j\omega t}] = \dfrac{1}{s-j\omega}$

【답】①

05 그림과 같은 램프(ramp) 함수의 라플라스 변환을 구하면?

① $\dfrac{1}{s}$ ② $\dfrac{K}{s}$

③ $\dfrac{e^t}{s}$ ④ $\dfrac{1}{s^2}$

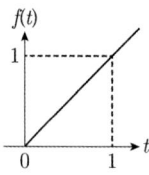

해설 기울기가 1인 램프(ramp) 함수이므로 단위램프라 한다.
라플라스 변환표

	$f(t)$	$F(s)$
단위 램프 함수	t	$\dfrac{1}{s^2}$
	t^n	$\dfrac{n!}{s^{n+1}}$

【답】 ④

06 다음 파형의 라플라스 변환은?

① $\dfrac{E}{s^2}$ ② $\dfrac{E}{Ts^2}$

③ $\dfrac{E}{s}$ ④ $\dfrac{E}{Ts}$

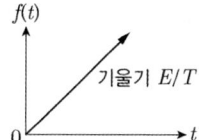

해설 함수 $f(t) = \dfrac{E}{T} t\, u(t)$ 에서

라플라스 변환 $F(s) = \dfrac{E}{T} \cdot \dfrac{1}{s^2}$

【답】 ②

07 $f(t) = 3t^2$ 의 라플라스 변환은?

① $\dfrac{3}{s^2}$ ② $\dfrac{3}{s^3}$

③ $\dfrac{6}{s^2}$ ④ $\dfrac{6}{s^3}$

해설 램프함수의 라플라스 변환 식 $\pounds[t^n] = \dfrac{n!}{s^{n+1}}$ 에서

$\pounds[3t^2] = 3 \times \dfrac{2!}{s^{2+1}} = 3 \times \dfrac{2 \times 1}{s^3} = \dfrac{6}{s^3}$

【답】 ④

08 $\sin \omega t$ 의 라플라스 변환은?

① $\dfrac{s}{s^2 + \omega^2}$ ② $\dfrac{\omega}{s^2 + \omega^2}$

③ $\dfrac{s}{s^2 - \omega^2}$ ④ $\dfrac{\omega}{s^2 - \omega^2}$

해설 라플라스 변환 식

$$\mathcal{L}[\sin\omega t] = \frac{\omega}{s^2+\omega^2}$$
$$\mathcal{L}[\cos\omega t] = \frac{s}{s^2+\omega^2}$$

【답】②

09 다음 식 중 옳지 않은 것은?

① $\mathcal{L}[f_1(t) \pm f_2(t)] = F_1(s) \pm F_2(s)$
② $\lim_{t\to\infty} f(t) = \lim_{s\to\infty} sF(s)$
③ $\mathcal{L}\left[\frac{d}{dt}f(t)\right] = sF(s) - f(0)$
④ $\int_0^\infty f(t)e^{-st}dt = F(s)$

해설 라플라스 변환의 정리

초기값 정리	$\lim_{t\to 0} f(t) = \lim_{s\to\infty} sF(s)$
최종값 정리	$\lim_{t\to\infty} f(t) = \lim_{s\to 0} sF(s)$

【답】②

10 $f(t) = \delta(t) - be^{-bt}$의 라플라스 변환은? 단, $\delta(t)$는 임펄스 함수이다.

① $\dfrac{b}{s+b}$
② $\dfrac{s(1-b)+5}{s(s+b)}$
③ $\dfrac{1}{s(s+b)}$
④ $\dfrac{s}{s+b}$

해설 라플라스 변환하면
$\mathcal{L}[\delta(t)] - \mathcal{L}[be^{-bt}] = 1 - \dfrac{b}{s+b} = \dfrac{s+b-b}{s+b} = \dfrac{s}{s+b}$

【답】④

11 함수 $f(t) = 1 - e^{-at}$를 라플라스 변환하면?

① $\dfrac{1}{s+a}$
② $\dfrac{1}{s(s+a)}$
③ $\dfrac{a}{s}$
④ $\dfrac{a}{s(s+a)}$

해설 라플라스 변환하면
$\mathcal{L}[1-e^{-at}] = \dfrac{1}{s} - \dfrac{1}{s+a} = \dfrac{s+a-s}{s(s+a)} = \dfrac{a}{s(s+a)}$

【답】④

12 선형 시불변 회로망의 어느 응답이 $h(t) = u(t)(e^{-t} + 2e^{-2t})$이면 이것을 라플라스 변환한 값은?

① $\dfrac{3s+4}{(s+1)(s+2)}$
② $\dfrac{3s}{(s-1)(s-2)}$
③ $\dfrac{3s+2}{(s+1)(s+2)}$
④ $\dfrac{-s-4}{(s-1)(s-2)}$

해설 $H(s) = \mathcal{L}[h(t)] = \dfrac{1}{s+1} + \dfrac{2}{s+2} = \dfrac{s+2+2(s+2)}{(s+1)(s+2)} = \dfrac{3s+4}{(s+1)(s+2)}$

【답】①

13 $f(t) = \sin t \cos t$ 를 라플라스 변환하면?

① $\dfrac{1}{s^2+4}$ ② $\dfrac{1}{s^2+2}$

③ $\dfrac{1}{(s+2)^2}$ ④ $\dfrac{1}{(s+4)^2}$

해설 삼각 함수의 2배각 공식 $\sin 2\alpha = 2\sin\alpha\cos\alpha$ 에서
$\sin t \cos t = \dfrac{1}{2}\sin 2t$ 이므로
$F(s) = \mathcal{L}[\sin t \cos t] = \mathcal{L}\left[\dfrac{1}{2}\sin 2t\right] = \dfrac{1}{2}\cdot\dfrac{2}{s^2+2^2} = \dfrac{1}{s^2+4}$

【답】 ①

14 그림과 같은 펄스의 라플라스 변환은?

① $\dfrac{1}{T}\left(\dfrac{1-e^{Ts}}{s}\right)^2$ ② $\dfrac{1}{T}\left(\dfrac{1+e^{Ts}}{s}\right)^2$

③ $\dfrac{1}{s}(1-e^{-Ts})$ ④ $\dfrac{1}{s}(1+e^{Ts})$

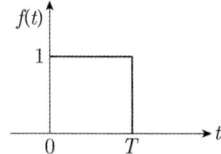

해설 $f(t) = u(t) - u(t-T)$ 에서
라플라스 변환을 하면
$F(s) = \mathcal{L}[f(t)] = \mathcal{L}[u(t) - u(t-T)]$
$= \dfrac{1}{s} - \dfrac{1}{s}e^{-Ts} = \dfrac{1}{s}(1-e^{-Ts})$

【답】 ③

15 그림과 같이 높이가 1인 펄스의 라플라스 변환은?

① $\dfrac{1}{s}(e^{-as}+e^{-bs})$

② $\dfrac{1}{s}(e^{-as}-e^{-bs})$

③ $\dfrac{1}{a-b}\left(\dfrac{e^{-as}+e^{-bs}}{s}\right)$

④ $\dfrac{1}{a-b}\left(\dfrac{e^{-as}-e^{-bs}}{s}\right)$

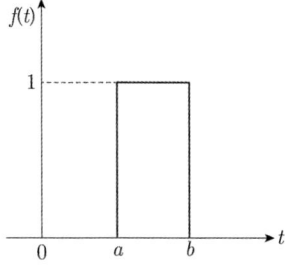

해설 함수 $f(t) = u(t-a) - u(t-b)$ 이므로
$\mathcal{L}[f(t)] = \mathcal{L}[u(t-a) - u(t-b)] = \left\{\dfrac{e^{-as}}{s} - \dfrac{e^{-bs}}{s}\right\} = \dfrac{1}{s}(e^{-as}-e^{-bs})$

【답】 ②

16 그림과 같은 게이트 함수의 라플라스 변환을 구하면?

① $\dfrac{E}{Ts^2}[1-(Ts+1)e^{-Ts}]$

② $\dfrac{E}{Ts^2}[1+(Ts+1)e^{-Ts}]$

③ $\dfrac{E}{Ts^2}(Ts+1)e^{-Ts}$

④ $\dfrac{E}{Ts^2}(Ts-1)e^{-Ts}$

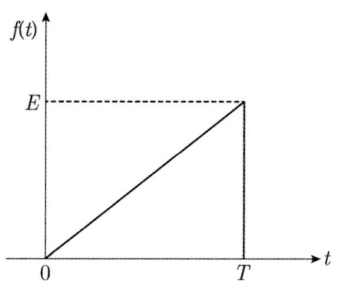

해설 함수 $f(t) = \dfrac{E}{T}tu(t) - \dfrac{E}{T}(t-T)u(t-T) - Eu(t-T)$

라플라스 변환하면 $F(s) = \mathcal{L}[f(t)] = \dfrac{E}{T}\cdot\dfrac{1}{s^2} - \dfrac{E}{T}\dfrac{1}{s^2}e^{-Ts} - \dfrac{E}{s}e^{-Ts}$

$= \dfrac{E}{Ts^2}(1-e^{-Ts}-Tse^{-Ts}) = \dfrac{E}{Ts^2}[1-(Ts+1)e^{-Ts}]$

【답】①

17 $e^{-at}\cos\omega t$ 의 라플라스 변환은?

① $\dfrac{s+a}{(s+a)^2+\omega^2}$

② $\dfrac{\omega}{(s+a)^2+\omega^2}$

③ $\dfrac{\omega}{(s^2+a^2)^2}$

④ $\dfrac{s+a}{(s^2+a^2)^2}$

해설 라플라스 변환의 복소 추이 정리에 의해서

$\mathcal{L}[e^{-at}\cos\omega t] = \mathcal{L}[\cos\omega t]_{s=s+a} = \left[\dfrac{s}{s^2+\omega^2}\right]_{s=s+a} = \dfrac{s+a}{(s+a)^2+\omega^2}$

【답】①

18 $\mathcal{L}[t^2 e^{at}]$ 는 얼마인가?

① $\dfrac{1}{(s-a)^2}$

② $\dfrac{2}{(s-a)^2}$

③ $\dfrac{1}{(s-a)^3}$

④ $\dfrac{2}{(s-a)^3}$

해설 복소추이를 이용하면

$\mathcal{L}[t^2 e^{at}] = \mathcal{L}[t^2]_{s=s-a} = \left[\dfrac{2!}{s^3}\right]_{s=s-a} = \dfrac{2}{(s-a)^3}$

【답】④

19 $\dfrac{dx(t)}{dt} + x(t) = 1$ 의 라플라스 변환 $X(s)$의 값은?

① $s(s+1)$

② $s+1$

③ $\dfrac{1}{s}(s+1)$

④ $\dfrac{1}{s(s+1)}$

해설 초기값을 0으로 하고 라플라스 변환하면
$$sX(s) + X(s) = \frac{1}{s}$$
$$(s+1)X(s) = \frac{1}{s} \quad \therefore \quad X(s) = \frac{1}{s(s+1)}$$

【답】 ④

20 $v_i(t) = Ri(t) + L\frac{di(t)}{dt} + \frac{1}{C}\int i(t)dt$ 에서 모든 초기 조건을 0으로 하고 라플라스 변환하면 $I(s)$는 어떻게 되는가?

① $\dfrac{Cs}{LCs^2 + RCs + 1}V_i(s)$
② $\dfrac{1}{LCs^2 + RCs + 1}V_i(s)$
③ $\dfrac{LCs}{LCs^2 + RCs + 1}V_i(s)$
④ $\dfrac{C}{LCs^2 + RCs + 1}V_i(s)$

해설 라플라스 변환하면
$$V_i(s) = RI(s) + LsI(s) + \frac{1}{sC}I(s)$$
$$\therefore I(s) = \frac{1}{R + Ls + \frac{1}{sC}}V_i(s) = \frac{Cs}{LCs^2 + RCs + 1}V_i(s)$$

【답】 ①

21 $F(s) = \dfrac{3s + 10}{s^3 + 2s^2 + 5s}$ 일 때 $f(t)$의 최종값은?

① 0
② 1
③ 2
④ 8

해설 최종값 정리에 의하여
$$f(\infty) = \lim_{t \to \infty} f(t) = \lim_{s \to 0} sF(s) = \lim_{s \to 0} s \cdot \frac{3s + 10}{s(s^2 + 2s + 5)} = \frac{10}{5} = 2$$

【답】 ③

22 ★★★★★
어떤 제어계의 출력이 $C(s) = \dfrac{5}{s(s^2 + s + 2)}$로 주어질 때 출력의 시간 함수 $c(t)$의 정상값은?

① 5
② 2
③ $\dfrac{2}{5}$
④ $\dfrac{5}{2}$

해설 최종값 정리 $f(\infty) = \lim_{t \to \infty} f(t) = \lim_{s \to 0} sF(s)$
$$C(\infty) = \lim_{t \to \infty} c(t) = \lim_{s \to 0} sC(s) = \lim_{s \to 0} \frac{5}{s^2 + s + 2} = \frac{5}{2}$$

【답】 ④

23 $F(s) = \dfrac{A}{\alpha + s}$ 라 하면 이의 역변환은?

① αe^{At}
② $Ae^{\alpha t}$
③ αe^{-At}
④ $Ae^{-\alpha t}$

해설 라플라스 역변환하면

$$f(t) = \mathcal{L}^{-1}\left[\frac{A}{s+\alpha}\right] = A \times \mathcal{L}^{-1}\left[\frac{1}{s+\alpha}\right] = Ae^{-\alpha t}$$

【답】④

24 어떤 회로의 전류에 대한 라플라스 변환이 다음과 같을 때 전류의 시간 함수는?

$$I(s) = \frac{1}{s^2 + 2s + 2}$$

① $5e^{-t}$
② $2\sin tu(t)$
③ $e^{-t}\sin tu(t)$
④ $e^{-t}\cos tu(t)$

해설 완전제곱형으로 역라플라스 변환하면
$$I(s) = \frac{1}{s^2 + 2s + 2} = \frac{1}{(s+1)^2 + 1}$$
$$\therefore i(t) = \mathcal{L}^{-1}[I(s)] = e^{-t}\sin t\, u(t)$$

【답】③

25 다음 함수의 역라플라스 변환을 구하면?

$$F(s) = \frac{3s+8}{s^2+9}$$

① $3\cos 3t - \frac{8}{3}\sin 3t$
② $3\sin 3t + \frac{8}{3}\cos 3t$
③ $3\cos 3t + \frac{8}{3}\sin t$
④ $3\cos 3t + \frac{8}{3}\sin 3t$

해설 완전제곱형으로 역라플라스 변환하면
$$F(s) = \frac{3s+8}{s^2+9} = \frac{3s}{s^2+3^2} + \frac{8}{s^2+3^2} = 3\left(\frac{s}{s^2+3^2}\right) + \frac{8}{3}\left(\frac{3}{s^2+3^2}\right)$$
$$\therefore f(t) = \mathcal{L}^{-1}[F(s)] = 3\cos 3t + \frac{8}{3}\sin 3t$$

【답】④

26 $f(t) = \mathcal{L}^{-1}\left[\dfrac{s^2+3s+10}{s^2+2s+5}\right]$ 은?

① $\delta(t) + e^{-t}(\cos 2t - \sin 2t)$
② $\delta(t) + e^{-t}(\cos 2t + 2\sin 2t)$
③ $\delta(t) + e^{-t}(\cos 2t - 2\sin 2t)$
④ $\delta(t) + e^{-t}(\cos 2t + \sin 2t)$

해설 $F(s) = \dfrac{s^2+3s+10}{s^2+2s+5}$ 에서 분모, 분자의 차수가 같으므로 나누어서 정리하면

$$F(s) = \frac{s^2+3s+10}{s^2+2s+5} = 1 + \frac{s+5}{s^2+2s+5} = 1 + \frac{s+5}{(s+1)^2+2^2}$$
$$= 1 + \frac{s+1}{(s+1)^2+2^2} + 2\frac{2}{(s+1)^2+2^2}$$

따라서 라플라스 역변환하면
$$\therefore \mathcal{L}^{-1}[F(s)] = \delta(t) + e^{-t}\cos 2t + 2e^{-t}\sin 2t = \delta(t) + e^{-t}(\cos 2t + 2\sin 2t)$$

【답】②

27 $F(s) = \dfrac{2s+3}{s^2+3s+2}$ 의 시간 함수는?

① $e^{-t} - e^{-2t}$
② $e^{-t} + e^{-2t}$
③ $e^{-t} + 2e^{-2t}$
④ $e^{-t} - 2e^{-2t}$

해설 부분분수 전개로 역라플라스 변환하면
$$F(s) = \frac{2s+3}{s^2+3s+2} = \frac{2s+3}{(s+2)(s+1)} = \frac{k_1}{s+2} + \frac{k_2}{s+1}$$
여기서, $k_1 = \lim_{s \to -2} \dfrac{(2s+3)}{(s+1)} = 1$, $k_2 = \lim_{s \to -1} \dfrac{(2s+3)}{(s+2)} = 1$

따라서 $\mathcal{L}^{-1}\left[\dfrac{1}{s+2} + \dfrac{1}{s+1}\right] = e^{-t} + e^{-2t}$

【답】②

CHAPTER 03 전달함수

전달함수 · 제어요소의 전달함수 · 전기회로의 전달함수 · 전기계와 물리계의 상대적 관계 · 미분방정식에 의한 전달함수 · 보상회로(compensation circuit)

전달함수

어떤 제어 시스템의 입력 신호와 출력신호의 관계를 수식적으로 표현한 것이 전달함수(transfer function)로서 다음과 같이 정의될 수 있다.

선형 시불변 시스템의 전달함수는 모든 초기조건을 0으로 두고, 단위 임펄스 응답의 라플라스 변환을 말한다. 즉, 영상태응답(zero-state response)으로 해석되며 입력의 라플라스 변환에 대한 출력의 라플라스 변환 비로 정의할 수 있다. 전달함수는 선형 시불변 시스템에서 정의되며 시스템의 입력과는 무관하며 오직 복소변수 s의 함수로만 표현된다.

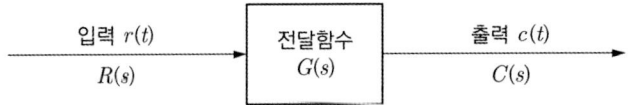

일반적으로 입력신호 $r(t)$에 대하여 출력신호 $c(t)$를 발생하는 요소의 전달함수 $G(s)$는 $r(t)$와 $c(t)$의 라플라스 변환을 각각 $R(s), C(s)$라 하면 다음과 같이 표현된다.

$$G(s) = \frac{C(s)}{R(s)}$$

따라서 출력은 다음과 같이 간단히 표현할 수 있다.

$$C(s) = G(s)R(s)$$

전달함수의 특징을 정리하면 다음과 같다.
① 전달함수는 선형 시불변 시스템에만 적용된다.
② 전달함수는 모든 초기조건을 0으로 한다.
③ 전달함수는 입력의 라플라스 변환에 대한 출력의 라플라스 변환 비로 정의한다.
④ 전달함수는 복소변수 s의 함수로만 표현된다.
⑤ 전달함수는 시스템의 입력과는 무관하다.

여기서, 임펄스 응답은 다음과 같다.
임펄스 응답(Impulse Response) : $r(t) = \delta(t)$
출력 $C(s) = G(s)R(s)$에서 $R(s) = 1$
$\quad C(s) = G(s)$
$\quad \therefore C(t) = \mathcal{L}^{-1}[C(s)] = \mathcal{L}^{-1}[G(s)]$
전달함수 : 임펄스응답의 라플라스 변환

제어요소의 전달함수

기본적인 제어 요소에는 비례요소, 적분요소, 미분요소, 1차 지연요소, 2차 지연요소, 부동작 시간 요소가 있다. 일반적으로 제어 기기의 입·출력의 관계를 자세한 수식 등으로 나타내기가 어렵다. 하지만 위의 제어요소들은 시스템의 본질적 특성을 파악하기 위한 가정을 세우고, 그 동작이나 현상을 단순화하기 위해 사용되어진다.

1 비례요소

비례요소는 입력을 $x(t)$, 출력을 $y(t)$라 하면 입력과 출력의 식이
$y(t) = Kx(t)$로 표시되는 요소로서 증폭기, 전위차계, 습동저항 등이 해당된다.
라플라스 변환하면 $Y(s) = KX(s)$

따라서 전달함수는 $G(s) = \dfrac{Y(s)}{X(s)} = K$

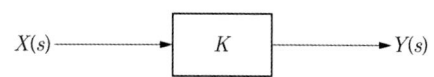

【 비례요소를 갖는 전달함수 】

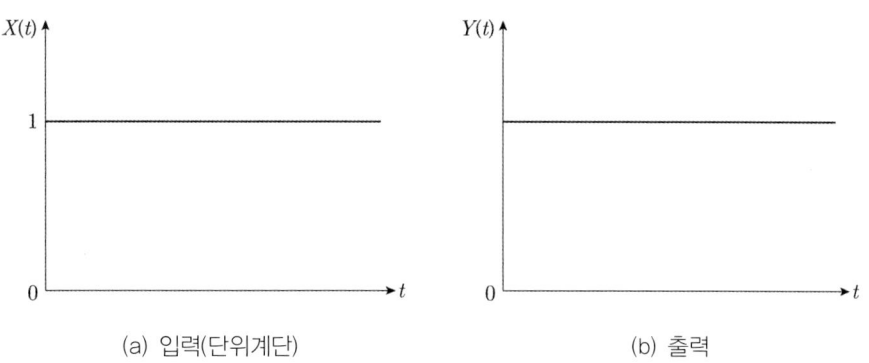

(a) 입력(단위계단)　　　　　　(b) 출력

또 단위계단함수를 입력으로 가했을 경우의 출력을 인디셜 응답(Indicial Response)이라 한다.

2 미분요소

미분요소는 입력을 $x(t)$, 출력을 $y(t)$라 하면 입력과 출력의 식이
$y(t) = K\dfrac{dx(t)}{dt}$로 표시되는 요소로서 인덕턴스, 미분회로 등이 해당된다.

라플라스 변환하면 $Y(s) = KsX(s)$

따라서 전달함수는 $G(s) = \dfrac{Y(s)}{X(s)} = Ks$

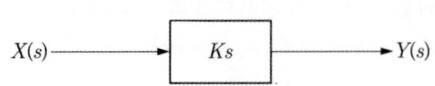

【 미분요소를 포함한 전달함수 】

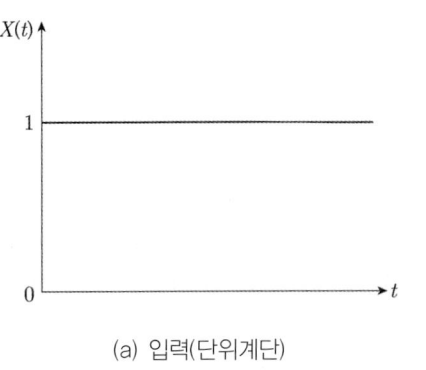

(a) 입력(단위계단)

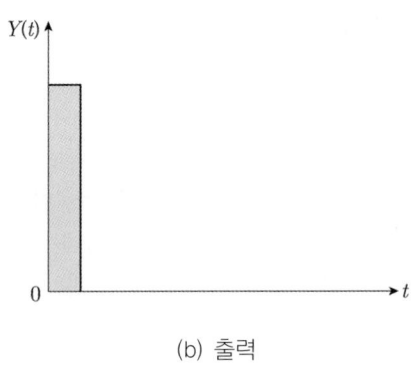

(b) 출력

③ 적분요소

적분요소는 입력을 $x(t)$, 출력을 $y(t)$라 하면 입력과 출력의 식이

$y(t) = K\displaystyle\int x(t)\,dt$ 로 표시되는 요소로서 수위계, 적분회로 등이 해당된다.

라플라스 변환하면 $Y(s) = \dfrac{K}{s}X(s)$

따라서 전달함수는 $G(s) = \dfrac{Y(s)}{X(s)} = \dfrac{K}{s}$

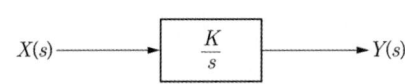

【 적분요소를 갖는 전달함수 】

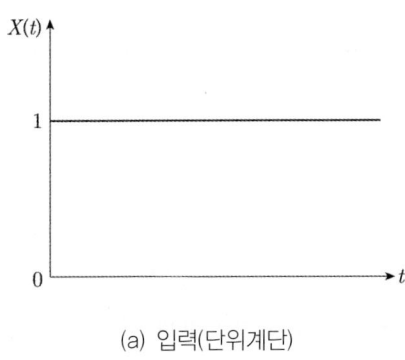

(a) 입력(단위계단)

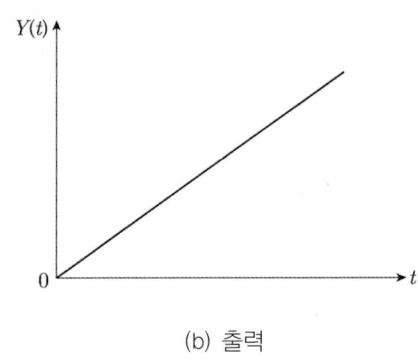

(b) 출력

④ 1차 지연요소

1차 지연요소는 출력이 입력의 변화에 따라 어떤 일정한 값에 도달하는 데 시간 지연이 있는 요소로서 시정수가 있는 시스템으로 전달함수의 분모가 s의 1차식이 되며 입력을 $x(t)$, 출력을 $y(t)$라 하면 입력과 출력의 식이

$\dfrac{d}{dt}y(t) + y(t) = x(t)$ 로 표시되는 요소로서 $R-L$회로, $R-C$회로 등이 해당된다.

라플라스 변환하면 $sY(s) + Y(s) = X(s) = Y(s)(s+1)$

따라서 전달함수는 $G(s) = \dfrac{Y(s)}{X(s)} = \dfrac{1}{s+1}$

여기서, 1차 지연요소의 일반식은 다음과 같다.

$$\therefore G(s) = \dfrac{K}{1+Ts}$$

여기서, T 는 시정수

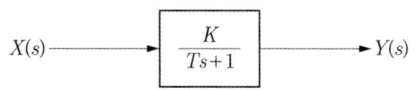

【1차 지연요소를 갖는 전달함수】

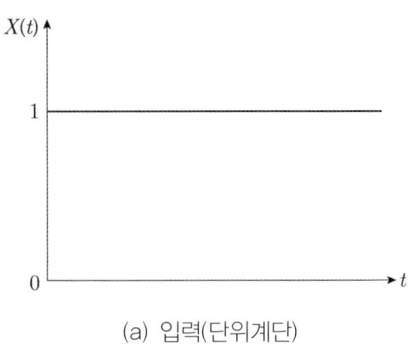

(a) 입력(단위계단)

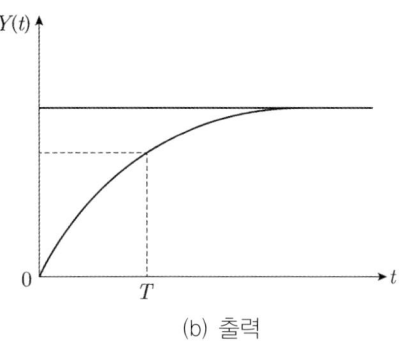

(b) 출력

5 2차 지연요소

2차 지연요소는 출력이 입력의 변화에 따라 어떤 일정한 값에 도달하는데 과도현상이 있는 시스템으로 전달함수의 분모가 s의 2차식이 되며 입력을 $x(t)$, 출력을 $y(t)$라 하면 입력과 출력의 식이

$$\dfrac{d^2}{dt^2}y(t) + \dfrac{d}{dt}y(t) + y(t) = x(t)$$

로 표시되는 요소로서 $R-L-C$ 직렬회로, 마찰이 있는 탄성계 등이 해당된다.

이를 $R-L-C$ 회로에 적용하면 다음과 같다.

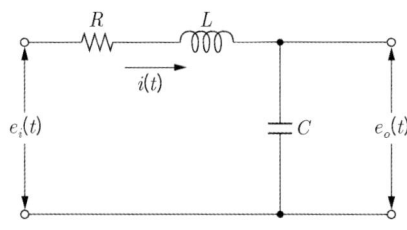

전압방정식 $e_i(t) = Ri(t) + L\dfrac{d}{dt}i(t) + \dfrac{1}{C}\displaystyle\int_0^t i(t)dt$ 에서

라플라스 변환하면 $E_i(s) = RI(s) + LsI(s) + \dfrac{1}{Cs}I(s)$

따라서 전달함수는 $G(s) = \dfrac{I(s)}{E_i(s)} = \dfrac{1}{R+Ls+\dfrac{1}{Cs}} = \dfrac{Cs}{LCs^2 + RCs + 1}$

여기서, 2차 지연요소의 일반식은 다음과 같다.

$$\therefore G(s) = \dfrac{\omega_n^2}{s^2 + 2\zeta\omega_n s + \omega_n^2}$$

여기서, ζ : 제동비
ω_n : 고유 각주파수

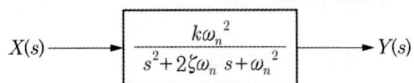

【 2차 지연요소를 갖는 전달함수 】

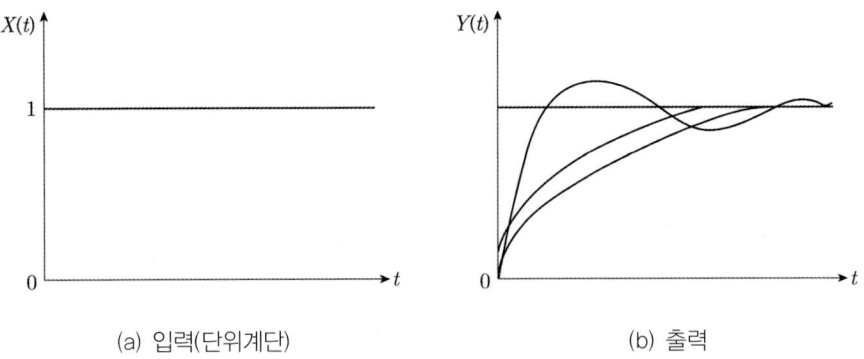

(a) 입력(단위계단)　　　　　　　　(b) 출력

6 부동작 시간요소

부동작 시간요소는 $t=0$에서 입력이 인가되어도 $t=T$까지 출력이 발생하지 않는 요소, 즉 양호한 제어의 방해 요소이다.

이때 입력을 주어도 출력이 나타나지 않는 시간을 부동작 시간(dead time)이라고 한다. 입력을 $x(t)$, 출력을 $y(t)$라 하면 입력과 출력의 식이

$y(t) = Kx(t-T)$로 표시되는 요소로서

라플라스 변환하면 $Y(s) = KX(s)e^{-Ts}$

따라서 전달함수는 $G(s) = \dfrac{Y(s)}{X(s)} = Ke^{-Ts}$

여기서 T : 부동작 시간

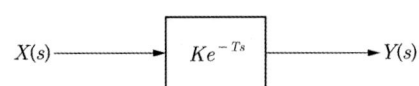

【 부동작 시간요소를 갖는 전달함수 】

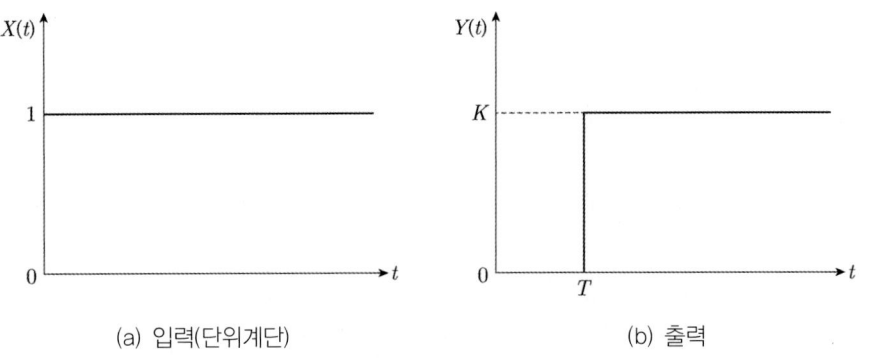

(a) 입력(단위계단)　　　　　　　　(b) 출력

각 제어 요소의 전달함수는 다음과 같다.

비례 요소	$G(s) = K$
적분 요소	$G(s) = \dfrac{K}{s}$
미분 요소	$G(s) = Ks$
1차 지연 요소	$G(s) = \dfrac{K}{1+Ts}$ T : 시정수
2차 지연 요소	$G(s) = \dfrac{\omega_n^2}{s^2 + 2\zeta\omega_n s + \omega_n^2}$
부동작 시간요소	$G(s) = e^{-Ts}$ T : 지연시간

전기회로의 전달함수

전기회로의 전달함수는 각각의 임피던스의 $j\omega$를 s로 대치하여 구하게 되며 전압비 전달함수의 경우 전압은 임피던스와 전류의 곱이므로 직렬회로에서는 전류가 같으므로 임피던스비를 전압비로 계산하면 된다.

$$\text{전달함수 } G(s) = \frac{\text{출력측 임피던스}(s)}{\text{입력측 임피던스}(s)}$$

1 임피던스(시간함수에서 라플라스 변환)

- 저항 : $R \to R$
- 인덕턴스 : $L \to j\omega L \to sL$
- 캐패시턴스 : $C \to \dfrac{1}{j\omega C} \to \dfrac{1}{sC}$

예 전달함수 $G(s) = \dfrac{V_2(s)}{V_1(s)}$

전압비 전달함수는 임피던스비로 구하며

$$G(s) = \frac{V_2(s)}{V_1(s)} = \frac{\dfrac{1}{Cs}}{Ls + \dfrac{1}{Cs}} = \frac{1}{1+LCs^2}$$

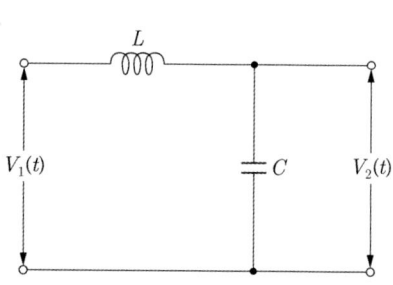

예 전압비 전달함수

전압비 전달함수는 임피던스비로 구하며

$$G(s) = \frac{E_2(s)}{E_1(s)} = \frac{R}{R+Ls} = \frac{1}{1+\frac{L}{R}s} = \frac{1}{1+Ts}$$

(여기서, $\frac{L}{R} = T$)

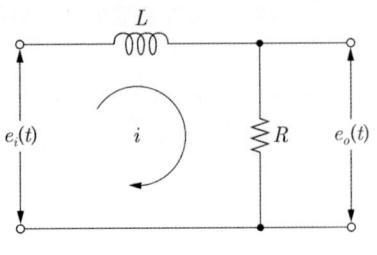

예 전압비 전달함수 $G(s) = \dfrac{E_o(s)}{E_i(s)}$

전압비 전달함수는 임피던스비로 구하며

$$G(s) = \frac{E_0(s)}{E_i(s)} = \frac{R_2 + \frac{1}{C_2 s}}{R_1 + R_2 + \frac{1}{C_2 s}} = \frac{R_2 C_2 s + 1}{(R_1 + R_2)C_2 s + 1}$$

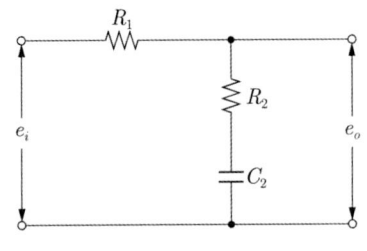

예 전압비 전달함수 $G(s) = \dfrac{E_o(s)}{E_i(s)}$

전압비 전달함수는 임피던스비로 구하며

$$G(s) = \frac{E_o(s)}{E_i(s)} = \frac{\frac{1}{Cs}}{R + Ls + \frac{1}{Cs}} = \frac{1}{LCs^2 + RCs + 1}$$

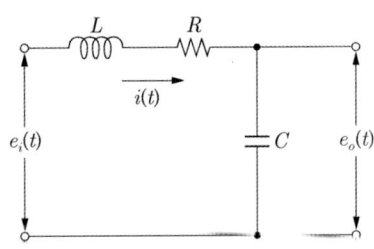

전기계와 물리계의 상대적 관계

전기회로와 병진운동 및 회전운동간의 상사성을 정리하면 다음과 같다.

전기계	직선운동계	회전운동계
전하 : Q[C]	위치(변위) : y[m]	각변위 : θ[rad]
전류 : I[A]	속도 : v[m/s]	각속도 : ω[rad/s]
전압 : E[V]	힘 : F[N]	토오크 : τ[N·m]
저항 : R[Ω]	점성마찰 : B[N/m/s]	회전마찰 : B[N/rad/s]
인덕턴스 : L[H]	질량 : M[kg·s²/m]	관성모멘트 : J[kg·m²]
정전용량 : C[F]	탄성 : K[N/m]	비틀림강도 : K[N·m/rad]

1 전기계

$R-L-C$ 직렬회로를 키르히호프의 전압법칙을 이용하여 구하면

$$e(t) = Ri(t) + L\frac{d}{dt}i(t) + \frac{1}{C}\int_0^t i(t)dt$$

입력을 $e(t)$, 출력을 $i(t)$라 하면

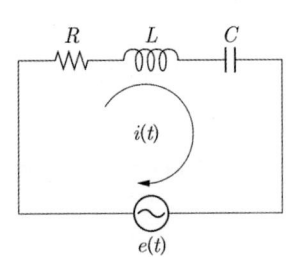

라플라스 변환하면 $E(s) = RI(s) + LsI(s) + \frac{1}{Cs}I(s) = (R + Ls + \frac{1}{Cs})I(s)$

따라서 전달함수는 $G(s) = \frac{I(s)}{E(s)} = \frac{1}{R + Ls + \frac{1}{Cs}} = \frac{Cs}{LCs^2 + RCs + 1}$

2 직선운동계(병진운동 시스템)

직선운동계(병진운동 시스템)의 기본요소는 질량, 스프링, 점성마찰로 구성된다.

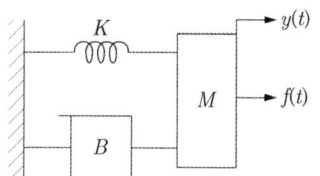

① 질량에 의한 힘

$$f(t) = M\frac{d^2}{dt^2}y(t) = M\frac{d}{dt}v(t)$$

② 탄성력(스프링)

$f(t) = Ky(t)$ 여기서, K는 스프링 상수, 탄성 계수

③ 점성마찰력

$$f(t) = B\frac{d}{dt}y(t) = Bv(t)$$

$$\therefore f(t) = M\frac{d^2}{dt^2}y(t) + B\frac{d}{dt}y(t) + Ky(t)$$

입력을 $f(t)$, 출력을 변위 $y(t)$라 하면

라플라스 변환하면 $F(s) = Ms^2 Y(s) + Bs Y(s) + KY(s) = (Ms^2 + Bs + K)Y(s)$

따라서 전달함수는 $G(s) = \frac{Y(s)}{F(s)} = \frac{1}{Ms^2 + Bs + K}$

3 회전 운동계

회전운동계의 기본요소는 관성, 비틀림, 회전마찰로 구성된다.

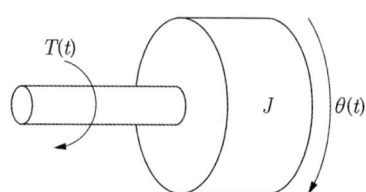

① 관성모멘트에 의한 토크 : $\tau(t) = J\frac{d^2}{dt^2}\theta(t)$

② 비틀림에 의한 토크 : $\tau(t) = K\theta(t)$

③ 제동 마찰에 의한 토크 : $\tau(t) = B\omega(t) = B\frac{d\theta(t)}{dt}$

$$\therefore \tau(t) = J\frac{d^2}{dt^2}\theta(t) + B\frac{d}{dt}\theta(t) + K\theta(t)$$

입력을 $\tau(t)$, 출력을 각변위 $\theta(t)$라 하면

라플라스 변환하면 $\tau(s) = Js^2\theta(s) + Bst(s) + K\theta(s) = (Js^2 + Bs + K)\theta(s)$

따라서 전달함수는 $G(s) = \dfrac{\theta(s)}{T(s)} = \dfrac{1}{Js^2 + Bs + K}$

미분방정식에 의한 전달함수

미분방정식에 의한 전달함수는 초기값이 0이므로 실미분 정리와 실적분 정리를 이용하여 전달함수를 구하는 방식은 다음과 같다.

미분 기호 : $\dfrac{d}{dt} \to s$

적분 기호 : $\displaystyle\int dt \to \dfrac{1}{s}$

예) $\dfrac{d^2 y(t)}{dt^2} + 3\dfrac{dy(t)}{dt} + 2y(t) = x(t) + \dfrac{dx(t)}{dt}$ 의 전달함수

$\dfrac{d^2 y(t)}{dt^2} + 3\dfrac{dy(t)}{dt} + 2y(t) = \dfrac{dx(t)}{dt} + x(t)$ 에서 양변을 라플라스 변환하면

$s^2 Y(s) + 3s Y(s) + 2 Y(s) = sX(s) + X(s)$

$(s^2 + 3s + 2)Y(s) = (s+1)X(s)$

따라서 전달함수 $G(s) = \dfrac{Y(s)}{X(s)} = \dfrac{s+1}{s^2 + 3s + 2}$

예) $\dfrac{d}{dt} y(t) + y(t) = x(t - T)$의 전달함수

$\dfrac{d}{dt} y(t) + y(t) = x(t - T)$에서 양변을 라플라스 변환하면

$sY(s) + Y(s) = X(s)e^{-Ts}$

$(s+1)Y(s) = e^{-Ts}X(s)$

따라서 전달함수 $G(s) = \dfrac{Y(s)}{X(s)} = \dfrac{e^{-Ts}}{s+1}$

예) 전달함수 $G(s) = \dfrac{s-3}{4s^2 + 2s - 1}$을 미분방정식으로 전환하면

$G(s) = \dfrac{Y(s)}{X(s)} = \dfrac{s-3}{4s^2 + 2s - 1}$

$(4s^2 + 2s - 1)Y(s) = (s-3)X(s)$

따라서 라플라스 역변환하면

$4\dfrac{d^2 y(t)}{dt^2} + 2\dfrac{dy(t)}{dt} - y(t) = \dfrac{dx(t)}{dt} - 3x(t)$

보상회로(compensation circuit)

시스템에 요구되는 개루프 이득의 정확도와 적절한 과도 응답, 시스템의 안정도를 얻기 위해서는 일반적으로 기본적인 피드백제어 시스템이 사용되어져 왔다. 그러나 이것으로만은 시스템에 만족한 성능을 얻기 위해서는 부족하게 되며 피드백 이외에 다른 형태의 추가 장치가 필요하게 된다. 따라서 피드백 이외에 추가된 장치를 보상회로(compensation circuit)라 한다.

1 진상보상회로(미분회로)

진상보상법은 출력 위상이 입력 위상보다 앞서도록 제어신호의 위상을 조정하는 보상법으로서, 제어 시스템의 속응성을 개선하는 것과 동시에 안정성도 개선하고 이득을 향상시킬 수 있으므로 시스템의 특성 개선에 도움을 준다.

보통 $R-C$ 회로에서는 입력단에 "C"가 존재하는 경우를 말한다.

일반적으로 진상 보상기의 회로는 그림과 같다.

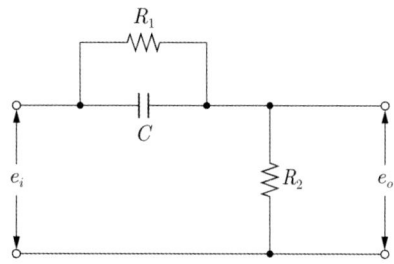

진상보상 회로의 전달함수는 다음과 같이 계산된다.

$R-C$ 회로에서는 출력단자에 부하가 없는 상태라 하고, 출력단자에서 K.V.L을 적용하면

$$C\frac{d}{dt}[e_1(t)-e_2(t)] + \frac{1}{R_1}[e_1(t)-e_2(t)] = \frac{1}{R_2}e_2(t)$$

이 회로의 초기값을 0으로 하고 라플라스변환을 하면

$$[E_1(s)-E_2(s)] + \frac{1}{R_1}[E_1(s)-E_2(s)] = \frac{1}{R_2}E_2(s)$$

따라서 진상보상회로의 전달함수는

$$G_{\leq ad}(s) = \frac{E_2(s)}{E_1(s)} = \frac{Cs + \frac{1}{R_1}}{Cs + \frac{1}{R_1} + \frac{1}{R_2}} = \frac{s+a}{s+b}$$

여기서, $a = \frac{1}{R_1 C}$, $b = \frac{1}{R_1 C} + \frac{1}{R_2 C}$

이 회로는 $b > a$ 이므로 진상 보상기로 동작한다.

2 지상보상회로(적분회로)

지상 보상법은 출력 위상이 입력 위상에 비하여 저주파에서는 지상이 되고, 고주파에서는 진상이 되도록 제어신호의 위상을 조정하는 보상법으로서 안정성, 속응성은 조정된 상태로 두고, 제어 정도만을 개선시켜 공진 주파의 특성을 그대로 두면서 저주파 영역의 이득을 높이는 데 사용되는 보상기이며 정상 특성 개선에 사용된다.

보통 $R-C$ 회로에서는 출력단에 "C"가 존재하는 경우를 말한다.

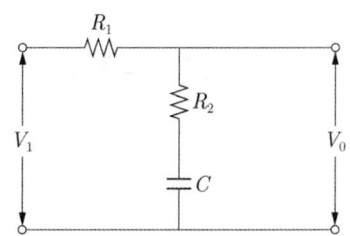

이 회로의 전달함수는 다음과 같이 계산된다.

$R-C$ 회로에서는 출력단자에 부하가 없는 상태라 하고, 출력단자에서 K.V.L을 적용하면

$$e_1(t) = i(t)R_1 + \frac{1}{C}\int i(t)dt + i(t)R_2$$

$$e_2(t) = \frac{1}{C}\int i(t)dt + i(t)R_2$$

이 회로의 초기값을 0으로 하고 라플라스변환을 하면

$$\left(R_1 + R_2 + \frac{1}{C}\right)I(s) = E_1(s)$$

$$\left(R_2 + \frac{1}{Cs}\right)I(s) = E_2(s)$$

따라서 지상보상회로의 전달함수는

$$G_{\text{lag}}(s) = \frac{E_2(s)}{E_1(s)} = \frac{R_2 + \frac{1}{Cs}}{R_1 + R_2 + \frac{1}{Cs}} = \frac{a(s+b)}{b(s+a)}$$

여기서, $a = \dfrac{1}{(R_1+R_2)C}$, $b = \dfrac{1}{R_2 C}$

이 회로는 $b > a$이므로 지상 보상기로 동작한다.

3 진·지상보상회로

출력의 위상이 입력의 위상에 비하여 저주파에서는 지상이 되고, 고주파 진상이 되도록 제어신호의 위상을 조정하는 보상법으로 진상·지상 보상은 진상보상과 지상보상의 장·단점을 이용하여 서로 결합시킨 형태로 진상보상은 일반적으로 피드백 제어 시스템의 상승시간과 오버슈트를 개선시키고, 지상보상에서는 오버슈트와 상대 안정도는 개선되지만, 대역폭(band width)의 감소로 인해 상승시간이 길어지게 된다. 따라서 진상보상이나 지상보상 어느 한 가지만으로는 만족한 보상을 하기 어려워 제어 시스템에서는 진상·지상 보상을 결합시켜 사용하게 된다.

보통의 $R-C$ 회로에서는 입·출력단에 "C"가 존재하는 경우를 말한다.

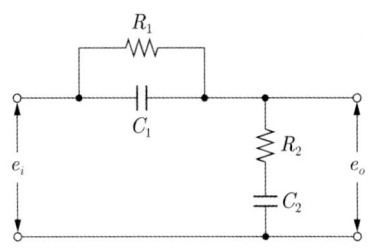

이 회로의 전달함수는 다음과 같이 계산된다.

출력 단자에 부하가 없는 상태라 하고, 출력 점에서 K.C.L을 적용하면

$$\frac{1}{R_1}[e_1(t)-e_2(t)]+C_1\frac{d}{dt}[e_1(t)-e_2(t)]=i(t)$$

전류 $i(t)$와 단자전압 $e_2(t)$간에는

$$\frac{1}{C_2}\int i(t)dt+i(t)R_2=e_2(t)$$

초기값을 0으로 하고 라플라스 변환한 다음 $I(s)$를 소거하면

$$\left(\frac{1}{R_1}+C_1s\right)[E_1(s)-E_2(s)]=\frac{E_2(s)}{\frac{1}{C_2s}+R_2}$$

따라서 진상·지상 전달함수는

$$G_{LL}(s)=\frac{E_2(s)}{E_1(s)}=\frac{\left(s+\frac{1}{R_1C_1}\right)\left(s+\frac{1}{R_2C_2}\right)}{s^2+\left(\frac{1}{R_2C_2}+\frac{1}{R_2C_1}+\frac{1}{R_1C_1}\right)s+\frac{1}{R_1C_1R_2C_2}}=\frac{(s+a_1)(s+b_2)}{(s+b_1)(s+a_2)}$$

여기서, $a_1=\frac{1}{R_1C_1}$, $b_1a_2=a_1b_2$, $b_1+a_2=a_1+b_2+\frac{1}{R_2C_1}$, $b_2=\frac{1}{R_2C_2}$

이 보상기는 2개의 영점과 극점을 가진다.

지상-진상 보상기로 동작하기 위한 조건은 $b_1>a_1$, $b_2>a_2$이다.

이론 요약

1. 전달함수

① 전달함수의 정의
- 모든 초기값을 0으로 했을 경우 입력에 대한 출력의 라플라스 변환 비
- 임펄스 응답의 라플라스 변환 $G(s) = \dfrac{C(s)}{R(s)}$
- 특성방정식 : 전달함수의 분모를 0으로 놓은 방정식

② 각 제어 요소의 전달함수

비례 요소	$G(s) = K$
적분 요소	$G(s) = \dfrac{K}{s}$
미분 요소	$G(s) = Ks$
1차 지연 요소	$G(s) = \dfrac{K}{1+Ts}$ T : 시정수
2차 지연 요소	$G(s) = \dfrac{\omega_n^2}{s^2 + 2\zeta\omega_n s + \omega_n^2}$ ζ : 제동비, ω_n : 고유 각주파수
부동작 시간요소	$G(s) = Ke^{-Ts}$ T : 지연 시간

③ 회로에서 전압비 전달함수
- 저항 : $R \rightarrow R$
- 인덕턴스 : $L \rightarrow j\omega L \rightarrow sL$
- 캐패시턴스 : $C \rightarrow \dfrac{1}{j\omega C} \rightarrow \dfrac{1}{sC}$

④ 미분방정식에 의한 전달함수
- 미분 기호 : $\dfrac{d}{dt} \rightarrow s$
- 적분 기호 : $\int dt \rightarrow \dfrac{1}{s}$

⑤ 물리계의 각각 대응 관계

전기계	직선 운동계	회전 운동계
전하 : Q [C]	위치(변위) : y	각변위 : θ
전류 : I [A]	속도 : v	각속도 : ω
전압 : E [V]	힘 : F	토크 : τ
저항 : R [Ω]	점성마찰 : B	회전마찰 : B
인덕턴스 : L [H]	질량 : M	관성능률 : J
정전용량 : C [F]	탄성 : K	비틀림 강도 : K

2. 보상회로

① 진상보상회로(미분회로)

$R-C$ 회로에서는 입력단에 "C"가 존재하는 경우.
과도특성개선(속응성, 진동억제, PD제어)

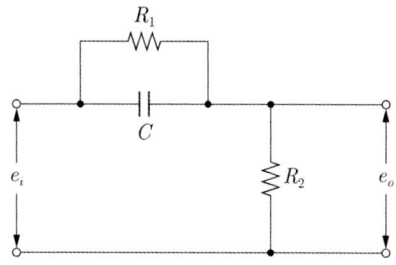

② 지상보상회로(적분회로)

$R-C$ 회로에서는 출력단에 "C"가 존재하는 경우
정상특성개선(잔류편차제거, PI제어)

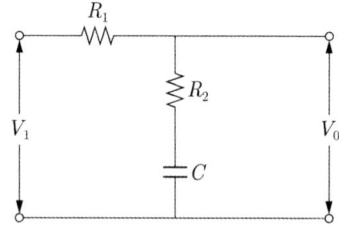

③ 진·지상보상회로

$R-C$ 회로에서는 입·출력단에 "C"가 존재하는 경우
과도특성 및 정상특성 개선(PID제어)

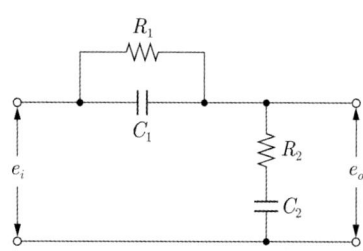

CHAPTER 03 필수 기출문제

꼭! 나오는 문제만 간추린

01 그림에서 전달 함수 $G(s)$는?

① $\dfrac{U(s)}{C(s)}$ ② $\dfrac{C(s)}{U(s)}$

③ $U(s)C(s)$ ④ $\dfrac{C^2(s)}{U(s)}$

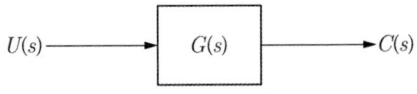

해설 전달 함수 : 입력과 출력의 라플라스 변환비
　　　　　임펄스 응답의 라플라스 변환(초기값 = 0)
　　　　전달 함수 $G(s) = \dfrac{출력}{입력} = \dfrac{C(s)}{U(s)}$

【답】②

02 ★★★★★ 전달 함수를 정의할 때 옳게 나타낸 것은?

① 모든 초기값을 0으로 한다. ② 모든 초기값을 고려한다.
③ 입력만을 고려한다. ④ 주파수 특성만을 고려한다.

해설 전달 함수 : 입력과 출력의 라플라스 변환비
임펄스 응답의 라플라스 변환(초기값 = 0)

【답】①

03 ★★★★★ 다음 사항 중 옳게 표현된 것은?

① 비례 요소의 전달 함수는 $\dfrac{1}{Ts}$이다. ② 미분 요소의 전달 함수는 K이다.

③ 적분 요소의 전달 함수는 Ts이다. ④ 1차 지연 요소의 전달 함수는 $\dfrac{K}{Ts+1}$이다.

해설 제어요소의 전달 함수

비례 요소	$G(s) = K$
적분 요소	$G(s) = \dfrac{K}{s}$
미분 요소	$G(s) = Ks$

【답】④

04 다음 중 부동작 시간(dead time) 요소의 전달 함수는?

① Ks ② $1 + Ks^{-1}$
③ K/e^{Ls} ④ $T/1 + Ts$

해설 부동작 시간요소의 전달 함수
$G(s) = \dfrac{Y(s)}{X(s)} = Ke^{-Ls} = \dfrac{K}{e^{Ls}}$

【답】③

05
단위 계단 함수를 어떤 제어 요소에 입력으로 넣었을 때 그 전달 함수가 그림과 같은 블록선도로 표시될 수 있다면 이것은?

① 1차 지연 요소　② 2차 지연 요소
③ 미분 요소　④ 적분 요소

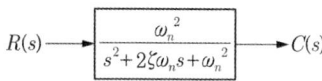

해설 제어요소의 전달 함수

2차 지연 요소	$G(s) = \dfrac{\omega_n^2}{s^2 + 2\zeta\omega_n s + \omega_n^2}$
	ζ : 제동비, ω_n : 고유 각주파수

따라서 2차 시스템의 회로는 분모가 s의 2차식이 된다.

【답】②

06
★★★★★

그림과 같은 회로의 전달 함수는? 단, $T = RC$이다.

① $\dfrac{1}{Ts^2 + 1}$　② $\dfrac{1}{Ts + 1}$
③ $Ts^2 + 1$　④ $Ts + 1$

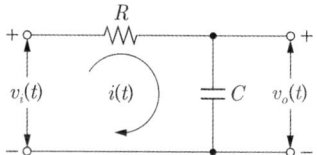

해설 전압비 전달 함수는 임피던스 비이므로

전달 함수 $G(s) = \dfrac{V_o(s)}{V_i(s)} = \dfrac{\frac{1}{Cs}}{R + \frac{1}{Cs}} = \dfrac{1}{RCs + 1} = \dfrac{1}{Ts + 1}$

【답】②

07
★★★★★

회로망의 전달 함수 $H(s) = \dfrac{V_2(s)}{V_1(s)}$를 구하면?

① $\dfrac{LC}{1 + LCs}$　② $\dfrac{LC}{1 + LCs^2}$
③ $\dfrac{1}{1 + LCs}$　④ $\dfrac{1}{1 + LCs^2}$

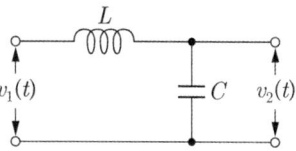

해설 전압비 전달 함수는 임피던스 비이므로

전달 함수 $G(s) = \dfrac{V_2(s)}{V_1(s)} = \dfrac{\frac{1}{Cs}}{Ls + \frac{1}{Cs}} = \dfrac{1}{LCs^2 + 1}$

【답】④

08
그림과 같은 회로의 전달 함수는 어느 것인가?

① $C_1 + C_2$　② $\dfrac{C_2}{C_1}$
③ $\dfrac{C_1}{C_1 + C_2}$　④ $\dfrac{C_2}{C_1 + C_2}$

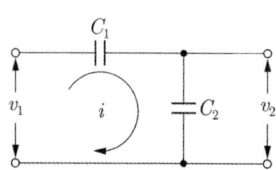

해설 전압비 전달 함수는 임피던스 비이므로

전달 함수 $G(s) = \dfrac{V_2(s)}{V_1(s)} = \dfrac{\dfrac{1}{C_2 s}}{\dfrac{1}{C_1 s} + \dfrac{1}{C_2 s}} = \dfrac{C_1}{C_1 + C_2}$

【답】③

09 그림과 같은 회로의 전달 함수 $\dfrac{V_o(s)}{V_i(s)}$ 는?

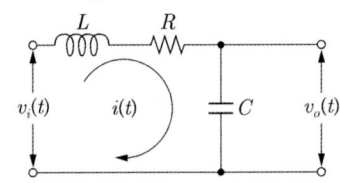

① $\dfrac{1}{LCs^2 + RCs + 1}$ ② $\dfrac{Cs}{LCs^2 + RCs + 1}$

③ $\dfrac{Ls}{LCs^2 + RCs + 1}$ ④ $\dfrac{LCs^2}{LCs^2 + RCs + 1}$

해설 전압비 전달 함수는 임피던스비로 구하며

전달 함수 $G(s) = \dfrac{V_o(s)}{V_i(s)} = \dfrac{\dfrac{1}{Cs}}{R + Ls + \dfrac{1}{Cs}} = \dfrac{1}{LCs^2 + RCs + 1}$

【답】①

10 그림과 같은 회로에서 전압비 전달 함수 $\dfrac{V_2(s)}{V_1(s)}$ 를 구하면?

① $\dfrac{R}{1 + RCs}$ ② $\dfrac{RCs}{1 - RCs}$

③ $\dfrac{RCs}{1 + RCs}$ ④ $\dfrac{R}{1 - RCs}$

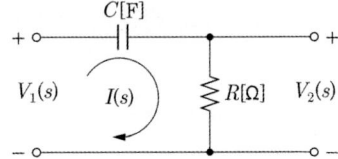

해설 전압비 전달 함수는 임피던스 비이므로

전달 함수 $G(s) = \dfrac{E_o(s)}{E_i(s)} = \dfrac{R}{\dfrac{1}{Cs} + R} = \dfrac{RCs}{1 + RCs}$

【답】③

11 $R-C$ 저역 필터 회로의 전달 함수 $G(j\omega)$ 는 $\omega = 0$ 에서 얼마인가?

① 0 ② 0.5

③ 1 ④ 0.707

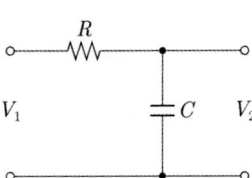

해설 전압비 전달 함수는 임피던스 비이므로

전달 함수 $G(s) = \dfrac{V_o(s)}{V_i(s)} = \dfrac{\dfrac{1}{Cs}}{R + \dfrac{1}{Cs}} = \dfrac{1}{RCs + 1} = \dfrac{1}{Ts + 1}$

따라서 주파수 전달 함수로 바꾸면 $G(j\omega) = \dfrac{1}{1+j\omega RC}$, $\omega = 0$이므로

∴ $G(j\omega) = 1$

【답】 ③

12 그림과 같은 회로에서 전압비 전달 함수는?

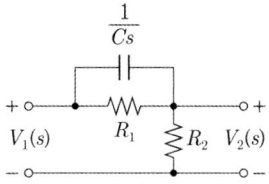

① $\dfrac{R_1}{R_1 Cs + 1}$

② $\dfrac{s+1}{s+(R_1+R_2)+R_1 R_2 C}$

③ $\dfrac{R_1 R_2 s + RCs}{R_1 Cs + R_1 R_2 s^2 + C}$

④ $\dfrac{R_2 + R_1 R_2 Cs}{R_2 + R_1 R_2 Cs + R_1}$

해설 문제의 R_1과 C의 합성 임피던스 등가 회로는

$\dfrac{R_1 \dfrac{1}{Cs}}{R_1 + \dfrac{1}{Cs}} = \dfrac{R_1}{R_1 Cs + 1}$ 이므로 회로를 수정하여 그리면

전압비 전달 함수는 임피던스비로 구하며

$G(s) = \dfrac{E_0(s)}{E_i(s)} = \dfrac{R_2}{\dfrac{R_1}{R_1 Cs + 1} + R_2} = \dfrac{R_2 + R_1 R_2 Cs}{R_2 + R_1 R_2 Cs + R_1}$

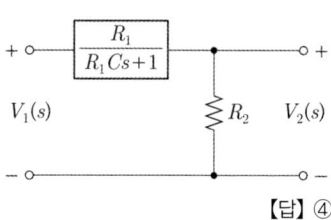

【답】 ④

13 그림과 같은 회로의 전달 함수는? 단, $T_1 = R_2 C$, $T_2 = (R_1 + R_2)C$이다.

① $\dfrac{T_1}{T_2 s + 1}$

② $\dfrac{T_2 s}{T_1 s + 1}$

③ $\dfrac{T_1 s + 1}{T_2 s + 1}$

④ $\dfrac{T_1(T_1 s + 1)}{T_2(T_2 s + 1)}$

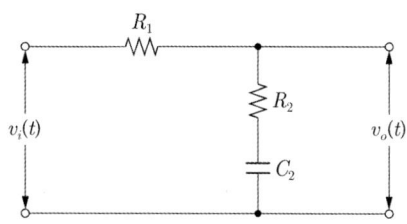

해설 전압비 전달 함수는 임피던스비로 구하며

전달 함수 $G(s) = \dfrac{V_o(s)}{V_i(s)} = \dfrac{R_2 + \dfrac{1}{Cs}}{R_1 + R_2 + \dfrac{1}{Cs}} = \dfrac{R_2 Cs + 1}{(R_1 + R_2)Cs + 1}$

여기서, $T_1 = R_2 C$, $T_2 = (R_1 + R_2)C$이므로

따라서 전달 함수 $G(s) = \dfrac{R_2 Cs + 1}{(R_1 + R_2)Cs + 1} = \dfrac{T_1 s + 1}{T_2 s + 1}$

【답】 ③

14 $\dfrac{A(s)}{B(s)} = \dfrac{1}{2s+1}$ 의 전달 함수를 미분 방정식으로 표시하면?

① $\dfrac{da(t)}{dt} + 2a(t) = 2b(t)$ ② $2\dfrac{da(t)}{dt} + a(t) = 2b(t)$

③ $\dfrac{da(t)}{dt} + 2a(t) = b(t)$ ④ $2\dfrac{da(t)}{dt} + a(t) = b(t)$

해설 $\dfrac{A(s)}{B(s)} = \dfrac{1}{2s+1}$ 에서 $2sA(s) + A(s) = B(s)$
미분 방정식으로 변환하면
$2\dfrac{d}{dt}a(t) + a(t) = b(t)$

【답】④

15 시간 지연 요인을 포함한 어떤 특정계가 다음 미분 방정식으로 표현된다. 이 계의 전달 함수를 구하면?

$$\dfrac{dy(t)}{dt} + y(t) = X(t-T)$$

① $\dfrac{e^{-sT}}{s+1}$ ② $\dfrac{e^{sT}}{s-1}$ ③ $\dfrac{s+1}{e^{sT}}$ ④ $\dfrac{s^{-2sT}}{s+1}$

해설 전달 함수를 구하기 위하여 양변을 라플라스 변환하면
$(s+1)Y(s) = e^{-T_0s}X(s)$
따라서 전달 함수 $G(s) = \dfrac{Y(s)}{X(s)} = \dfrac{e^{-Ts}}{s+1}$

【답】①

16 어떤 계를 표시하는 미분 방정식이 $\dfrac{d^2y(t)}{dt^2} + 3\dfrac{dy(t)}{dt} + 2y(t) = \dfrac{dx(t)}{dt} + x(t)$ 라고 한다. $x(t)$는 입력, $y(t)$는 출력이라고 한다면 이 계의 전달 함수는 어떻게 표시되는가?

① $\dfrac{s^2 + 3s + 2}{s+1}$ ② $\dfrac{2s+1}{s^2 + s + 1}$

③ $\dfrac{s+1}{s^2 + 3s + 2}$ ④ $\dfrac{s^2 + s + 1}{2s+1}$

해설 전달 함수를 구하기 위하여 양변을 라플라스 변환하면
$s^2Y(s) + 3sY(s) + 2Y(s) = sX(s) + X(s)$
$(s^2 + 3s + 2)Y(s) = (s+1)X(s)$
따라서 전달 함수 $G(s) = \dfrac{Y(s)}{X(s)} = \dfrac{s+1}{s^2 + 3s + 2}$

【답】③

17 $\dfrac{X(s)}{R(s)} = \dfrac{1}{s+4}$ 의 전달 함수를 미분 방정식으로 표시하면?

① $\dfrac{d}{dt}r(t) + 4r(t) = x(t)$ ② $\int r(t)dt + 4r(t) = x(t)$

③ $\dfrac{d}{dt}x(t) + 4x(t) = r(t)$ ④ $\int x(t)dt + 4x(t) = r(t)$

해설 $\dfrac{X(s)}{R(s)} = \dfrac{1}{s+4}$ 에서 $(s+4)X(s) = R(s)$

$sX(s) + 4X(s) = R(s)$ 에서 미분 방정식으로 변환하면 $\dfrac{d}{dt}x(t) + 4x(t) = r(t)$

【답】③

18 ★★★★★
그림과 같은 회로망은 어떤 보상기로 사용될 수 있는가?

① 지연 보상기   ② 지·진상 보상기
③ 지상 보상기   ④ 진상 보상기

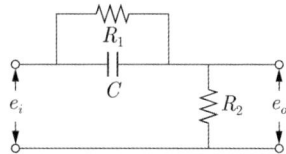

해설 $R-C$ 직렬회로에서
입력 단에 C가 있으면 미분회로(진상보상회로)
출력 단에 C가 있으면 적분회로(지상보상회로)
입·출력단에 C가 있으면 진·지상 보상회로

【답】④

19 ★★★★★
그림과 같은 회로는?

① 미분 회로   ② 적분 회로
③ 가산 회로   ④ 미분, 적분 회로

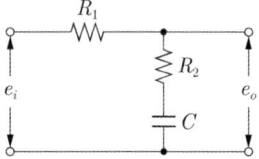

해설 $R-C$ 직렬회로에서
출력 단에 C가 있으면 적분회로(지상보상회로)

【답】②

20
그림과 같은 회로에서 입력전압의 위상은 출력전압의 위상과 비교하여 어떠한가?

① 앞선다.
② 뒤진다.
③ 동상이다.
④ 앞설 수도 있고 뒤질 수도 있다.

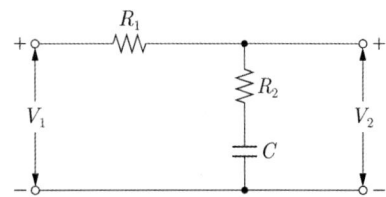

해설 입력전압의 위상은 출력전압의 위상을 벡터도로 도시하면

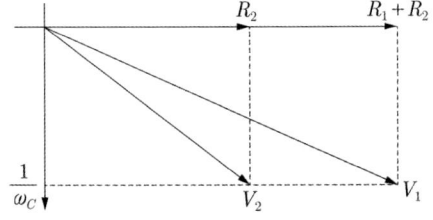

입력전압의 위상은 출력전압의 위상보다 앞선다(지상회로).

【답】①

CHAPTER 04 블록선도와 신호흐름선도

블록선도(Block Diagram)·신호흐름선도(Signal Flow Graph)·연산 증폭기(Operational amplifier, OP-AMP)

블록선도(Block Diagram)

블록선도(Block diagram)는 주로 자동 제어에서 시스템의 신호의 전달 과정이나 흐름을 나타내는 계통도로서 물리계의 수식을 나타내는 도형이라 말할 수 있다. 주로 모델링 하는데 자주 이용이 된다. 또한 블록선도는 간단하고 다양성을 지니기 때문에 여러 형태의 제어 시스템을 표현하는 데에 사용한다.

1 블록선도의 구성

블록선도의 구성은 다음과 같다.

① 입·출력 변수는 블록선도에 표기한다.
$R(s)$, $C(s)$

② 전달 함수는 블록(Block)으로 구성한다.
$G(s) = \dfrac{C(s)}{R(s)}$

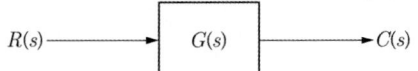

③ 신호의 흐름은 화살표로 나타낸다.
→, ←, ↑, ↓

2 블록선도의 표현

① 전달 함수 : 블록(Block)으로 구성

$G(s) = \dfrac{C(s)}{R(s)}$

출력 $C(s) = G(s)R(s)$

전달 함수 $G(s) = \dfrac{C(s)}{R(s)}$

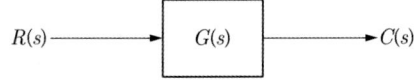

② 신호의 가합점 : 두 가지 이상의 신호가 있을 때, 신호의 합과 차를 만드는 요소

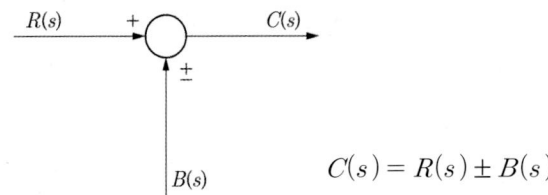

$C(s) = R(s) \pm B(s)$

③ 인출점 : 하나의 신호를 2개 이상으로 분기

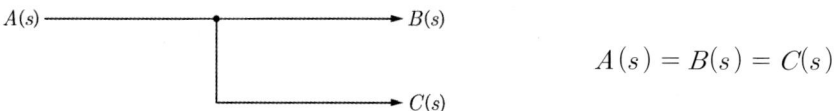

$$A(s) = B(s) = C(s)$$

③ 블록선도의 간소화(전달 함수)

① 직렬종속

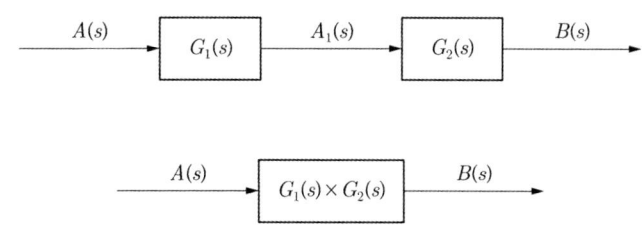

$A_1(s) = G_1(s)A(s)$ 이고 $B(s) = G_2(s)A_1(s)$ 이므로

대입하면 $B(s) = G_2(s)G_1(s)A(s)$

따라서 직렬종속의 전달 함수 $T(s) = \dfrac{B(s)}{A(s)} = G_1(s)G_2(s)$

② 병렬종속

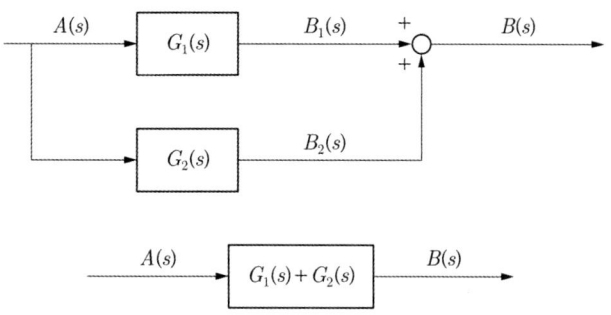

$B_1(s) = G_1(s)A(s)$ 이고

$B_2(s) = G_2(s)A(s)$ 이면

$B(s) = B_1(s) + B_2(s)$ 이므로

대입하면

$B(s) = B_1(s) + B_2(s)$

$\quad\quad = G_1(s)A(s) + G_2(s)A(s)$

∴ $B(s) = [G_1(s) + G_2(s)]A(s)$

따라서 병렬종속의 전달 함수 $T(s) = \dfrac{B(s)}{A(s)} = G_1(s) + G_2(s)$

③ 궤환접속(피드백 접속)

궤환(feedback)의 종류는 정궤환(positive feedback)과 부궤환(negative feedback) 2가지가 있다. 정궤환은 궤환 신호가 가산점에 (+)로 들어갈 때 이고, 반대의 경우인 부궤환은 궤환 신호가 가산점에 (-)로 들어가는 경우이다.

일반적으로 제어 시스템의 설계에서는 부궤환(negative feedback)을 기본으로 한다.

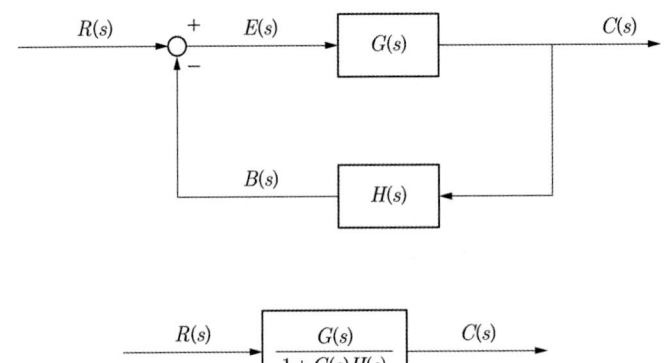

$E(s) = R(s) - B(s)$
$B(s) = H(s)C(s)$
$E(s) = R(s) - H(s)C(s)$

여기서, $C(s) = G(s)E_a(s)$이므로
$C(s) = G(s)\{R(s) - H(s)C(s)\} = G(s)R(s) - G(s)H(s)C(s)$
$C(s) + G(s)H(s)C(s) = G(s)R(s)$
$\{1 + G(s)H(s)\}C(s) = G(s)R(s)$

따라서 궤환접속의 전달 함수 $T(s) = \dfrac{C(s)}{R(s)} = \dfrac{G(s)}{1 + G(s)H(s)}$

따라서 블록선도에서 전달 함수 구하는 방법은 다음과 같이 간단히 구할 수 있다.

$$\text{전달 함수 } T(s) = \frac{\text{전향경로의 합}}{1 - (\text{피드백요소})}$$

$G(s) = \dfrac{\Sigma G}{1 - \Sigma L_1 + \Sigma L_2 + \cdots}$

여기서, L_1 : 각각의 모든 폐루프 이득의 합
L_2 : 서로 접촉하지 않는 2개의 폐루프 이득의 곱의 합
ΣG : 각각의 전향 경로의 합

◉ 블록선도의 전달 함수

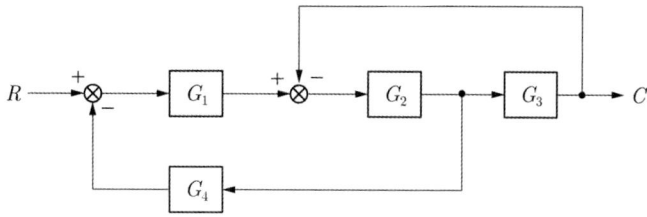

전달 함수 $T(s) = \dfrac{\text{전향경로의 합}}{1-(\text{피드백요소})}$

$T(s) = \dfrac{G_1 G_2 G_3}{1-(-G_2 G_3 - G_1 G_2 G_4)} = \dfrac{G_1 G_2 G_3}{1+G_2 G_3 + G_1 G_2 G_4}$

◉ 블록선도의 전달 함수

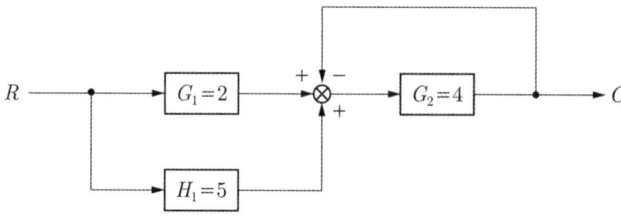

전달 함수 $T(s) = \dfrac{\text{전향경로의 합}}{1-(\text{피드백요소})}$

$T(s) = \dfrac{G_1 G_2 + H_1 G_2}{1-(-G_2)} = \dfrac{G_2(G_1 + H_1)}{1+G_2} = \dfrac{4(2+5)}{1+4} = \dfrac{28}{5}$

◉ 블록선도의 전달 함수

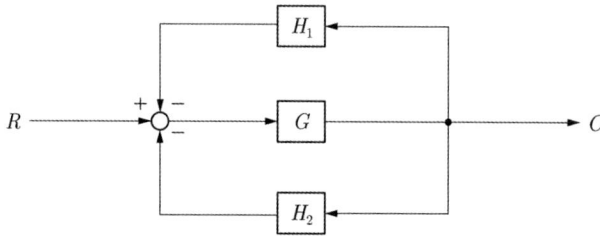

전달 함수 $T(s) = \dfrac{\text{전향경로의 합}}{1-(\text{피드백요소})}$

$T(s) = \dfrac{C}{R} = \dfrac{G}{1-(-H_1 G - H_2 G)} = \dfrac{G}{1+H_1 G + H_2 G}$

4 회로망에서의 블록선도 변환

$R-C$ 직렬 회로를 블록선도로 전환하면 다음과 같다.

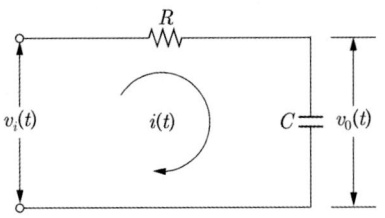

회로에 흐르는 전류 $i(t) = \dfrac{1}{R}[v_i(t) - v_0(t)]$

출력전압 $v_0(t) = \dfrac{1}{C}\displaystyle\int_0^t i(t)dt$

라플라스 변환하면 $I(s) = \dfrac{1}{R}\{V_i(s) - V_0(s)\}$

$$V_0(s) = \dfrac{1}{Cs}I(s)$$

이를 블록선도로 표현하면 다음과 같다.

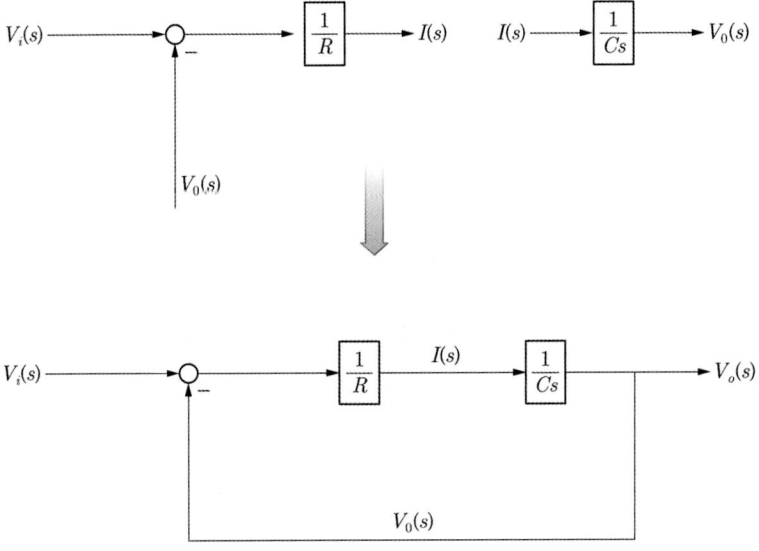

신호흐름선도(Signal Flow Graph)

신호흐름선도는 선형 시스템의 인과관계를 표현하기 위하여 S. J. Mason에 의하여 소개된 것으로 블록선도를 간단히 표시할 수 있다. 또한 신호흐름선도는 선형대수 방정식의 변수들 간의 입·출력 관계를 표현하는 도식적 방법으로 생각할 수 있고 다중 루프 시스템의 응답을 구하는데 있어서 블록선도보다 빠르게 적용될 수 있다.

1 신호흐름선도의 구성

신호흐름선도의 구성은 다음과 같다.
① 입·출력 변수는 마디(node)로 표기한다.

② 전달 함수는 표기한다.
   $G(s)$, $R(s)$, $C(s)$ 등

③ 신호의 흐름은 화살표로 나타낸다.
   →, ←, ↑, ↓

2 신호흐름선도의 표현

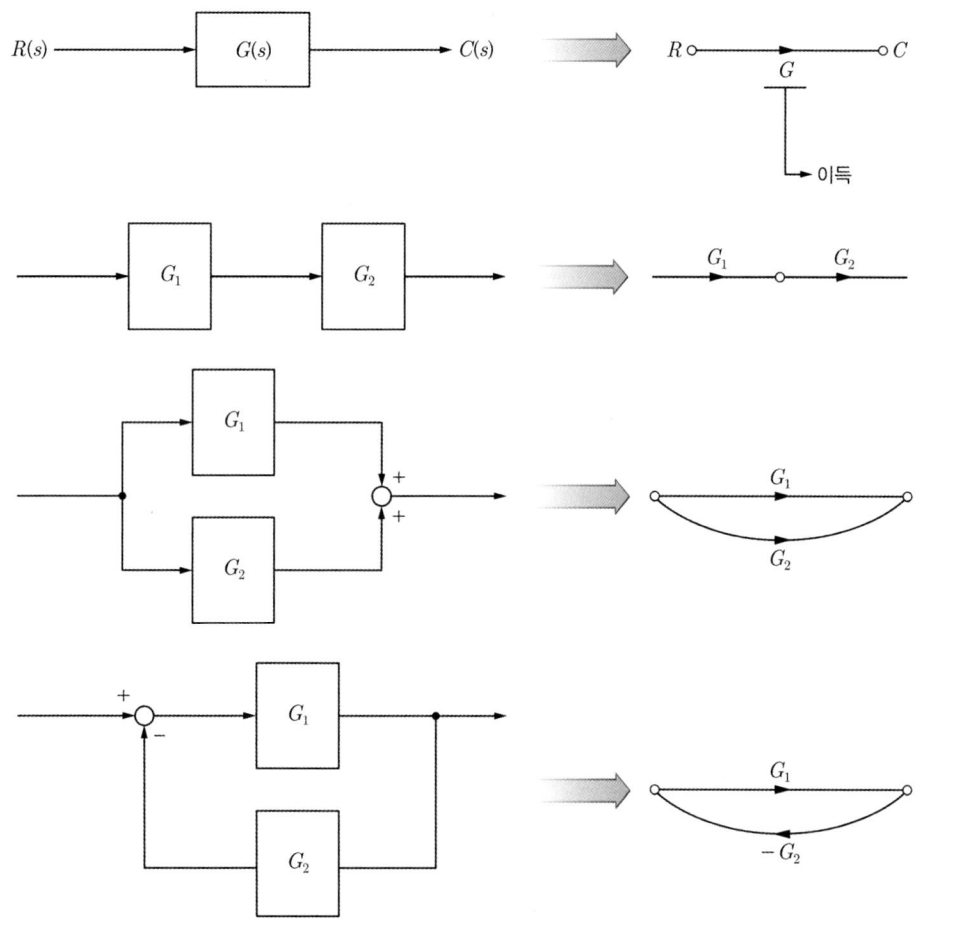

3 블록선도와 신호흐름선도의 비교

구분	블록선도	신호흐름선도
입·출력 변수	표기	마디(node)
전달 함수	블록	표기
신호의 흐름	화살표	화살표
신호의 가합점	존재	존재하지 않음

4 블록선도의 신호흐름선도 전환

블록선도의 신호흐름선도 전환 또는, 신호흐름선도의 작성법은 다음과 같다.

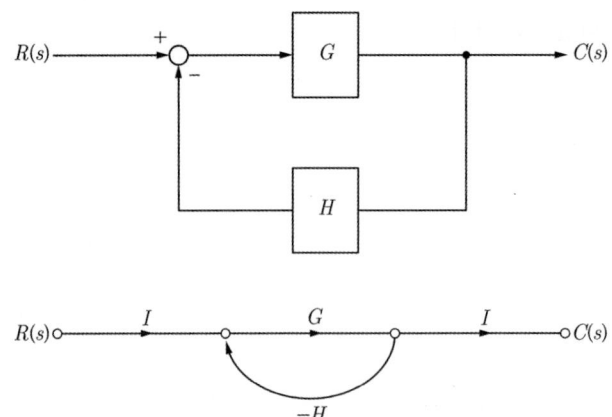

5 신호흐름선도에서의 이득

신호흐름선도에서의 이득은 블록선도의 전달 함수와 같은 것으로 메이슨의 이득공식(Maison Gain Formula)을 통하여 구한다.

$$M = \frac{y_{out}}{y_{in}} = \sum_{k=1}^{N} \frac{M_k \triangle_k}{\triangle}$$: Mason's gain formular

여기서, M : y_{in} 과 y_{out} 사이의 이득

y_{out} : 출력 마디 변수

y_{in} : 입력 마디 변수

N : 전향경로 총수

M_k : 전향 경로의 이득

또한, $\triangle = 1 - \sum_{m} P_{m1} + \sum_{m} P_{m2} - \sum_{m} P_{m3} + \cdots$

P_{mr} : r개 접촉 루프의 가능한 m번째 조합의 이득 곱

$\triangle$: 1 − (모든 각각의 루프 이득의 합) + (2개의 비접촉 루프의 가능한 모든 조합의 이득 곱의 합) − (3개의…) + …

$\triangle k$: k번째 전향경로와 접촉하지 않는 신호흐름선도 부분에 대한 $\triangle$값

예 신호흐름선도에서 이득 $\dfrac{C}{R}$

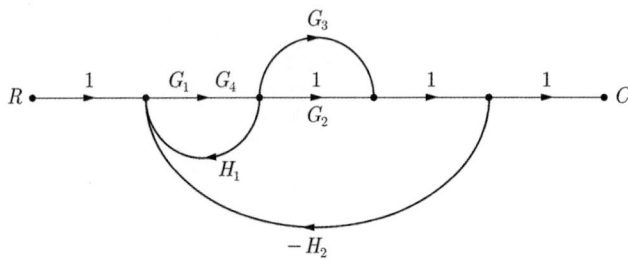

메이슨의 이득공식을 적용하면

$$G = \frac{\sum G_i \triangle_i}{\triangle} \text{에서}$$

$G_i : G_1 G_2 G_4 \qquad \triangle_i : 1 - 0 = 1$
$\qquad G_1 G_3 G_4 \qquad \qquad 1 - 0 = 1$

$\triangle = 1 - (G_1 G_4 H_1 - G_1 G_2 G_4 H_2 - G_1 G_3 G_4 H_2)$
$\quad = 1 - G_1 G_4 H_1 + G_1 G_2 G_4 H_2 + G_1 G_3 G_4 H_2$

전체 이득 $G = \dfrac{G_1 G_4 (G_2 + G_3)}{1 - G_1 G_4 H_1 + G_1 G_4 (G_3 + G_2) H_2}$

예 신호흐름선도에서 이득 $\dfrac{C}{R}$

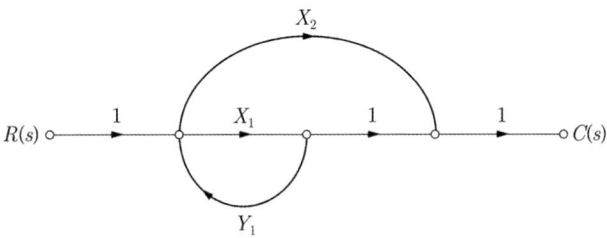

메이슨의 이득공식을 적용하면

$$G = \frac{\sum G_i \triangle_i}{\triangle} \text{에서}$$

$G_i : X_1 \qquad \triangle_i : 1 - 0 = 1$
$\qquad X_2 \qquad \qquad 1 - 0 = 1$

$\triangle = 1 - X_1 Y_1$

전체 이득 $G = \dfrac{C(s)}{R(s)} = \dfrac{X_1 + X_2}{1 - X_1 Y_1}$

예 신호흐름선도에서 이득 $\dfrac{C}{R}$

메이슨의 이득공식을 적용하면

$$G = \frac{\sum G_i \triangle_i}{\triangle} \text{에서}$$

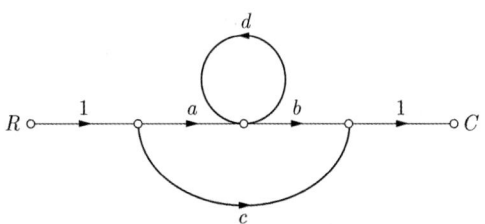

$G_i : ab \qquad \triangle_i : 1 - 0 = 1$
$\qquad c \qquad \qquad 1 - d = 1 - d$

$\triangle = 1 - d$

전체 이득 $G = \dfrac{ab + c(1 - d)}{1 - d}$

6 회로에서의 신호흐름선도 전환

회로를 이용하여 수식을 전개하면

$e_i(t) = Ri(t) + e_0(t)$

$e_o(t) = \dfrac{1}{C}\int i(t)\,dt$

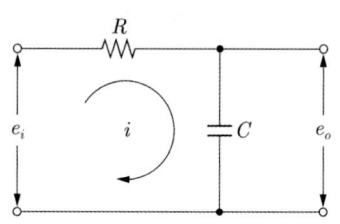

수식을 정리하면 $[e_i(t) - e_0(t)]\dfrac{1}{R} = i(t)$

이 식을 라플라스 변환하면 $E_i(s)\dfrac{1}{R} - E_0(s)\dfrac{1}{R} = I(s)$ 이며

신호흐름선도로 작성하면

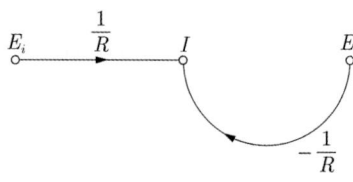

여기서, $\dfrac{1}{Cs}I(s) = E_0(s)$ 이므로

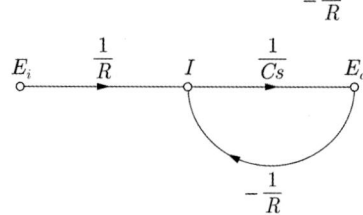

따라서 신호흐름선도로 도시하면 다음과 같다.

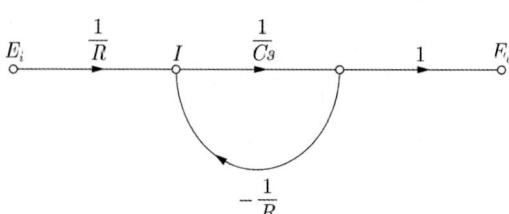

연산 증폭기(Operational amplifier, OP-AMP)

1 연산 증폭기의 특징
① 입력 임피던스가 매우 크다.
② 출력 임피던스는 매우 적다.
③ 전력, 전압 증폭도가 매우 크다.
④ 정부(+, -) 2개의 전원을 필요

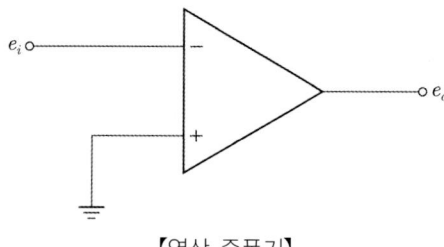

【연산 증폭기】

2 연산 증폭기의 활용
① 적분기

$e_o = -\dfrac{1}{RC}\int e_i\,dt$

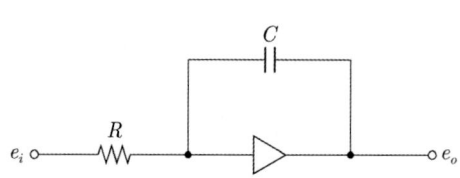

② 미분기

$$v_o = -RC \frac{dv_i}{dt}$$

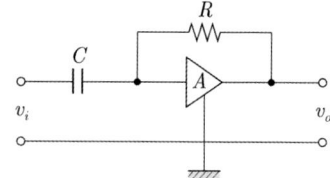

③ 반전 증폭기

$$V_0 = -\frac{R'}{R}V_1 - \frac{R'}{R}V_2 - \frac{R'}{R}V_3$$
$$= -\frac{R'}{R}(V_1 + V_2 + V_3)$$

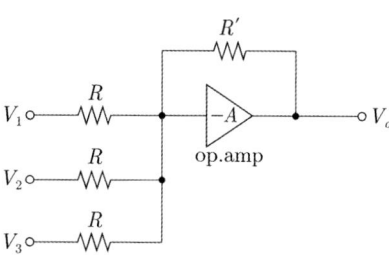

이론 요약

1. 블록선도와 신호흐름선도 비교

구분	블록선도	신호흐름선도
신호의 흐름	화살표	화살표
전달함수	블록	표기
입·출력 변수	표기	마디(node)
신호의 가합점	존재	존재하지 않음

2. 각각에서의 전달함수(이득)

① 블록선도에서의 전달함수

$$G(s) = \frac{\Sigma G}{1 - \Sigma L_1 + \Sigma L_2}$$

여기서, ΣL_1 : 각각의 모든 폐루프 이득의 합

ΣL_2 : 서로 접촉하지 않는 2개의 폐루프 이득의 곱의 합

ΣG : 각각의 전향 경로의 합

② 신호흐름선도에서의 전달함수 : 메이슨의 이득공식

$$M = \frac{y_{out}}{y_{in}} = \sum_{k=1}^{N} \frac{M_k \triangle_k}{\triangle}$$

여기서, M_k = 전향 경로의 이득

$$\triangle = 1 - \sum_m P_{m1} + \sum_m P_{m2} - \sum_m P_{m3} + \cdots$$

P_{mr} = r개 접촉 루프의 가능한 m번째 조합의 이득 곱

$\triangle$ = 1 − (모든 각각의 루프 이득의 합) + (2개의 비접촉 루프의 가능한 모든 조합의 이득 곱의 합) − (3개의 ⋯) + ⋯

$\triangle k$ = k번째 전향 경로와 접촉하지 않는 신호흐름선도 부분에 대한 $\triangle$값

CHAPTER 04 필수 기출문제

꼭! 나오는 문제만 간추린

01 종속으로 접속된 두 전달 함수의 종합 전달 함수를 구하면?

① $G_1 + G_2$ ② $G_1 \times G_2$
③ $\dfrac{1}{G_1} + \dfrac{1}{G_2}$ ④ $\dfrac{1}{G_1} \times \dfrac{1}{G_2}$

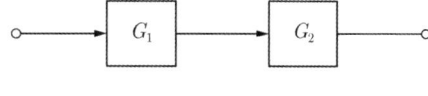

해설 직렬종속의 전달 함수 $T(s) = \dfrac{B(s)}{A(s)} = G_1(s) G_2(s)$

【답】②

02 그림과 같은 피드백 회로의 종합 전달 함수는?

① $\dfrac{1}{G_1} + \dfrac{1}{G_2}$ ② $\dfrac{G_1}{1 - G_1 G_2}$
③ $\dfrac{G_1}{1 + G_1 G_2}$ ④ $\dfrac{G_1 G_2}{1 + G_1 G_2}$

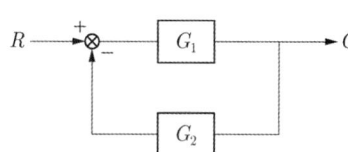

해설 블록선도의 전달 함수 $G(s) = \dfrac{\Sigma G}{1 - \Sigma L_1 + \Sigma L_2 + \cdots}$

여기서, L_1 : 각각의 모든 폐루프 이득의 합
L_2 : 서로 접촉하지 않는 2개의 폐루프 이득의 곱의 합
ΣG : 각각의 전향 경로의 합

따라서 전달 함수 $G(s) = \dfrac{C}{R} = \dfrac{G_1}{1 - (-G_1 G_2)} = \dfrac{G_1}{1 + G_1 G_2}$

【답】③

03 다음 시스템의 전달 함수 (C/R)는?

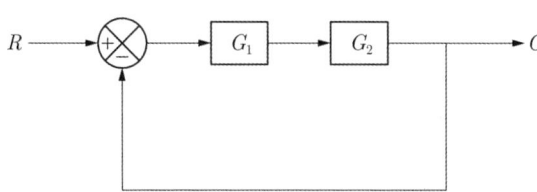

① $\dfrac{C}{R} = \dfrac{G_1 G_2}{1 + G_1 G_2}$ ② $\dfrac{C}{R} = \dfrac{G_1 G_2}{1 - G_1 G_2}$
③ $\dfrac{C}{R} = \dfrac{1 + G_1 G_2}{G_1 G_2}$ ④ $\dfrac{C}{R} = \dfrac{1 - G_1 G_2}{G_1 G_2}$

해설 전달 함수 $G(s) = \dfrac{C}{R} = \dfrac{G_1 G_2}{1 - (-G_1 G_2)} = \dfrac{G_1 G_2}{1 + G_1 G_2}$

【답】①

04 다음과 같은 블록선도의 등가 합성 전달 함수는?

① $\dfrac{1}{1 \pm GH}$ ② $\dfrac{G}{1 \pm GH}$

③ $\dfrac{G}{1 \pm H}$ ④ $\dfrac{1}{1 \pm H}$

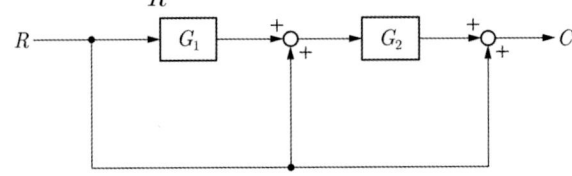

해설 블록선도의 전달 함수 $G(s) = \dfrac{C}{R} = \dfrac{G}{1-(\mp H)} = \dfrac{G}{1 \pm H}$

【답】 ③

05 그림과 같은 블록 선도에서 $\dfrac{C}{R}$ 의 값은?

① $1 + G_1 + G_1 G_2$ ② $1 + G_2 + G_1 G_2$

③ $\dfrac{G_1 + G_2}{1 - G_2 - G_1 G_2}$ ④ $\dfrac{(1+G_1)G_2}{1-G_2}$

해설 피드백 경로가 없으므로
블록선도의 전달 함수 $G(s) = \dfrac{C}{R} = G_1 G_2 + G_2 + 1$

【답】 ②

06 그림과 같은 블록선도에서 등가 합성 전달 함수 $\dfrac{C}{R}$ 는?

① $\dfrac{H_1 + H_2}{1 + G}$ ② $\dfrac{H_1}{1 + H_1 H_2 G}$

③ $\dfrac{G}{1 + H_1 + H_2}$ ④ $\dfrac{G}{1 + H_1 G + H_2 G}$

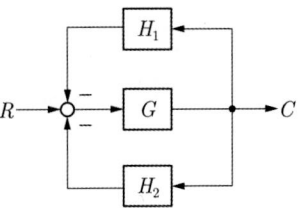

해설 블록선도의 전달 함수 $G(s) = \dfrac{C}{R} = \dfrac{G}{1-(-H_1 G - H_2 G)} = \dfrac{G}{1 + H_1 G + H_2 G}$

【답】 ④

07 다음 그림의 블록선도에서 C/R 는?

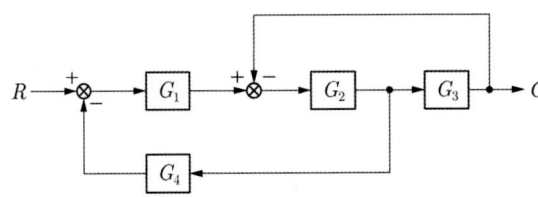

① $\dfrac{G_3 G_4}{1+G_1 G_2 G_3}$ ② $\dfrac{G_1 G_3}{1+G_1 G_2 + G_3 G_4}$

③ $\dfrac{G_1 G_2 G_3}{1+G_2 G_3 + G_1 G_2 G_4}$ ④ $\dfrac{G_1 G_2}{1+G_2 G_3 + G_1 G_4}$

해설 블록선도의 전달 함수 $G(s) = \dfrac{C}{R} = \dfrac{G_1 G_2 G_3}{1-(-G_2 G_3 - G_1 G_2 G_4)} = \dfrac{G_1 G_2 G_3}{1+G_2 G_3 + G_1 G_2 G_4}$ 【답】③

08 그림과 같은 블록선도에서 등가 전달 함수는?

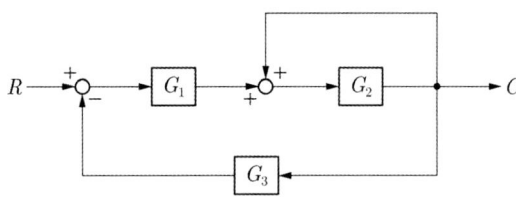

① $\dfrac{G_1 G_2}{1+G_2 + G_1 G_2 G_3}$ ② $\dfrac{G_1 G_2}{1-G_2 + G_1 G_2 G_3}$

③ $\dfrac{G_1 G_3}{1+G_2 + G_1 G_2 G_3}$ ④ $\dfrac{G_2 G_3}{1-G_2 + G_1 G_2 G_3}$

해설 블록선도의 전달 함수 $G(s) = \dfrac{C}{R} = \dfrac{G_1 G_2}{1-(G_2 - G_1 G_2 G_3)} = \dfrac{G_1 G_2}{1-G_2 + G_1 G_2 G_3}$ 【답】②

09 그림과 같은 피드백 회로의 종합 전달 함수는?

① $\dfrac{G_1 G_2}{1+G_1 G_2 + G_3 G_4}$

② $\dfrac{G_1 + G_2}{1+G_1 G_3 G_4 + G_2 G_3 G_4}$

③ $\dfrac{G_1 + G_2}{1+G_1 G_2 G_3 G_4}$

④ $\dfrac{G_1 G_2}{1+G_4 G_2 + G_3 G_1}$

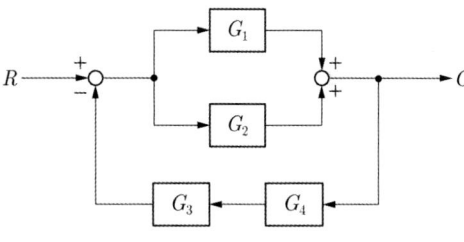

해설 블록선도의 전달 함수 $G(s) = \dfrac{C}{R} = \dfrac{G_1 + G_2}{1-(-G_1 G_3 G_4 - G_2 G_3 G_4)} = \dfrac{G_1 + G_2}{1+G_1 G_3 G_4 + G_2 G_3 G_4}$ 【답】②

10 ★★★★★ 그림의 전체 전달 함수는?

① 0.22
② 0.33
③ 1.22
④ 3.1

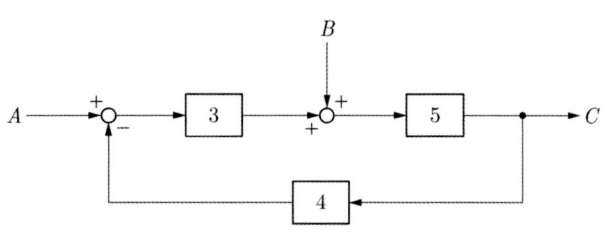

해설 블록선도의 전달 함수

외란 입력이 있는 경우

입력에 의한 전달 함수 $G_1(s) = \dfrac{C}{A} = \dfrac{3 \times 5}{1-(-3 \cdot 4 \cdot 5)} = \dfrac{15}{61}$

외란에 의한 전달 함수 $G_2(s) = \dfrac{C}{B} = \dfrac{5}{1-(-3 \cdot 4 \cdot 5)} = \dfrac{5}{61}$

따라서 전체 전달 함수 $G(s) = G_1(s) + G_2(s) = \dfrac{C}{A} + \dfrac{C}{B} = \dfrac{15}{61} + \dfrac{5}{61} = \dfrac{20}{61} = 0.33$

【답】②

11 그림의 신호흐름선도에서 $\dfrac{C}{R}$ 를 구하면?

① $-\dfrac{7}{41}$ ② $-\dfrac{6}{41}$

③ $-\dfrac{4}{41}$ ④ $-\dfrac{3}{41}$

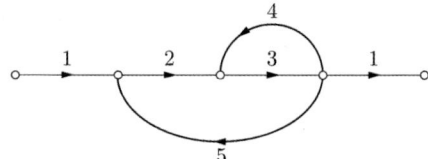

해설 메이슨의 이득공식을 적용하면

$G = \dfrac{\sum G_i \Delta_i}{\Delta}$ 에서

$G_i : 2 \times 3 = 6$ $\Delta_i : 1-0 = 1$

$\Delta = 1 - (3 \times 4 + 2 \times 3 \times 5) = -41$

전체 이득 $G = -\dfrac{6}{41}$

【답】②

12 ★★★★★ 그림과 같은 신호흐름선도에서 $\dfrac{C}{R}$ 의 값은?

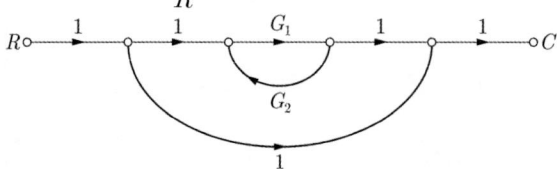

① $\dfrac{1+G_1-G_1G_2}{1-G_1G_2}$ ② $\dfrac{1+G_1}{1-G_1G_2}$

③ $\dfrac{1+G_1G_2}{1+G_1+G_1G_2}$ ④ $\dfrac{1-G_1G_2}{1+G_1-G_1G_2}$

해설 메이슨의 이득공식을 적용하면

$G = \dfrac{\sum G_i \Delta_i}{\Delta}$ 에서

$G_i : \begin{matrix} G_1 \\ 1 \end{matrix}$ $\Delta_i : \begin{matrix} 1-0=1 \\ 1-G_1G_2 \end{matrix}$

$\Delta = 1 - G_1G_2$

전체 이득 $G = \dfrac{C}{R} = \dfrac{G_1 \times 1 + 1 \times (1-G_1G_2)}{1-G_1G_2} = \dfrac{G_1+1-G_1G_2}{1-G_1G_2}$

【답】①

13 다음 신호흐름선도에서 $\dfrac{C(s)}{R(s)}$의 값은?

① $\dfrac{ab+c(1-d)}{1-d}$

② $\dfrac{ab+c}{1-d}$

③ $ab+c$

④ $\dfrac{ab+c(1+d)}{1+d}$

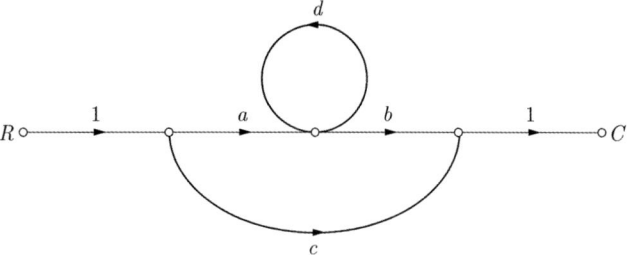

해설 메이슨의 이득공식을 적용하면

$G = \dfrac{\sum G_i \triangle_i}{\triangle}$ 에서

G_i : ab $\triangle_i$: $1-0=1$
      c $1-d=1-d$

$\triangle = 1-d$

전체 이득 $G = \dfrac{ab+c(1-d)}{1-d}$

【답】①

14 다음 그림의 신호흐름선도에서 $\dfrac{C}{R}$는?

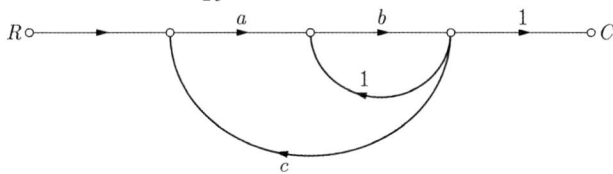

① $\dfrac{ab}{1+b-abc}$

② $\dfrac{ab}{1-b-abc}$

③ $\dfrac{ab}{1-b+abc}$

④ $\dfrac{ab}{1-ab+abc}$

해설 메이슨의 이득공식을 적용하면

$G = \dfrac{\sum G_i \triangle_i}{\triangle}$ 에서 G_i : ab $\triangle_i$: $1-0=1$

$\triangle = 1-(b+abc) = 1-b-abc$

전체 이득 $G = \dfrac{C}{R} = \dfrac{ab}{1-b-abc}$

【답】②

15 단위 피드백 계에서 입력과 출력이 같다면 전향 전달 함수 G의 값은?

① $|G|=1$

② $|G|=0$

③ $|G|=\infty$

④ $|G|=0.707$

해설 단위 피드백 시스템의 전달 함수

$T(s) = \dfrac{C}{R} = \dfrac{G}{1+G} = \dfrac{1}{\dfrac{1}{G}+1}$

따라서 $\left|\dfrac{C}{R}\right| = 1$이 되려면 $|G| = \infty$이어야 된다.

【답】③

CHAPTER 05 과도(시간)응답

과도응답(Transient Response)·과도응답의 명세·특성방정식(Characteristic Equation)과 극·영점·2차 시스템의 과도응답

제어 시스템에서 시간응답(time response)은 제어 시스템의 설계나 해석 시에 시스템의 적절한 동작여부를 확인하기 위하여 입력에 대한 응답을 측정하는 것이며 이것은 보통 과도응답(transient response)과 정상상태 응답(steady state response)으로 나누어진다. 특히 과도응답의 경우에는 물리적 시스템들이 관성, 비틀림, 등을 가지고 있기 때문에 입력 후 정상상태에 도달하기까지 일정시간이 소요된다. 그래서 제어 시스템의 설계에서는 이러한 부분까지 고려해야 함으로 이와 같은 시간응답은 제어 시스템 설계에서는 반드시 필요한 과정이라고 할 수 있다. 여기서 응답(response)은 시스템의 입·출력의 관계처럼 입력을 주면 어떤 출력이 도출되는 시스템이긴 하나 시스템의 일반적인 입력(input)처럼 시스템에 어떠한 값을 넣어도 되는 것이 아니라 입력이 지정되어서 발생하는 출력을 말한다. 예를 들면 입력에 임펄스 함수(impulse function)를 주어서 만들어진 출력을 임펄스 응답(impulse response)이라 하며 보통의 경우에 제어 시스템의 과도응답에 많이 사용되는 계단함수(step function)를 입력으로 사용한 경우의 출력 즉, 응답을 계단응답(step response)이라 한다.

과도응답(Transient Response)

과도응답(transient response)은 제어 시스템에 입력이 갑자기 가해졌을 때, 출력이 안정한 값으로 될 때까지의 응답을 말하며 다음과 같은 시험입력을 통하여 구한다.

1 과도응답에 사용되는 시험입력

① 임펄스 응답(Impulse Response)

임펄스 응답은 시험입력으로 임펄스함수를 사용하게 되며 여기에 사용된 임펄스함수를 하중함수(weight function)라고도 한다. 이러한 임펄스 함수 중 가장 많이 사용 것은 단위임펄스함수(Unit impulse function)이며 이 경우 임펄스 응답의 라플라스 변환을 전달 함수(transfer function)라 한다. 따라서 시스템의 전달 함수를 확인하는 경우 이 시험입력이 많이 사용한다.

입력 $r(t) = \delta(t)$에서
라플라스 변환하면 $R(s) = 1$
출력은 $C(s) = G(s)R(s)$에서
$\quad C(s) = G(s)$

따라서 임펄스 응답은 $c(t) = \mathcal{L}^{-1}[C(s)] = \mathcal{L}^{-1}[G(s)]$

② 계단응답(Step Response)

시험입력으로 계단 함수를 사용하게 되는 것을 계단응답이라 한다. 이러한 계단 함수 중 가장 많이 사용되는 것은 단위 계단함수(Unit step function)이며 일반적으로 시간응답에서 가장 많이 사용되며 이 경우에 단위 계단함수를 사용한 경우의 응답을 인디셜 응답(inditial response)이라 한다.

입력 $r(t) = u(t)$에서

라플라스 변환하면 $R(s) = \dfrac{1}{s}$

출력 $C(s) = G(s)R(s)$에서

$$C(s) = G(s) \cdot \dfrac{1}{s}$$

$$\therefore C(t) = \mathcal{L}^{-1}[C(s)] = \mathcal{L}^{-1}[G(s) \cdot \dfrac{1}{s}]$$

③ 경사응답(Ramp Response)

시험입력으로 램프(경사)함수를 사용하게 되는 것을 램프응답이라 한다. 이 램프응답은 입력이 계단적으로 증가하게 되는 시스템 즉 경사(기울기)함수인 경우이다.

입력 $r(t) = t \cdot u(t)$에서

라플라스 변환하면 $R(s) = \dfrac{1}{s^2}$

출력 $C(s) = G(s)R(s)$에서

$$C(s) = G(s) \cdot \dfrac{1}{s^2}$$

$$\therefore C(t) = \mathcal{L}^{-1}[C(s)] = \mathcal{L}^{-1}[G(s)\dfrac{1}{s^2}]$$

④ 포물선응답

시험입력으로 포물선 함수를 사용하게 되는 것을 포물선응답이라 한다.

입력 $r(t) = \dfrac{1}{2}t^2 \cdot u(t)$에서

라플라스 변환하면 $R(s) = \dfrac{1}{2} \times \dfrac{2!}{s^3} = \dfrac{1}{s^3}$

출력 $C(s) = G(s)R(s)$에서

$$C(s) = G(s) \cdot \dfrac{1}{s^3}$$

$$\therefore C(t) = \mathcal{L}^{-1}[C(s)] = \mathcal{L}^{-1}[G(s)\dfrac{1}{s^3}]$$

과도응답의 명세

제어 시스템의 시간응답 중 과도응답은 시간이 무한대로 진행됨에 따라 0으로 되어 진다. 그러나 이러한 과도현상을 줄이고 적절한 시간 내에 정상상태에 도달하도록 시스템을 설계하는 것이 중요하며 그리하여 과도응답의 여러 명세들은 반드시 알아둘 필요가 있다. 이러한 과도응답을 확인하기 위해 대부분 단위계단응답을 사용한다. 일반적인 제어 시스템의 단위계단응답은 그림과 같고 그 명세는 다음과 같다.

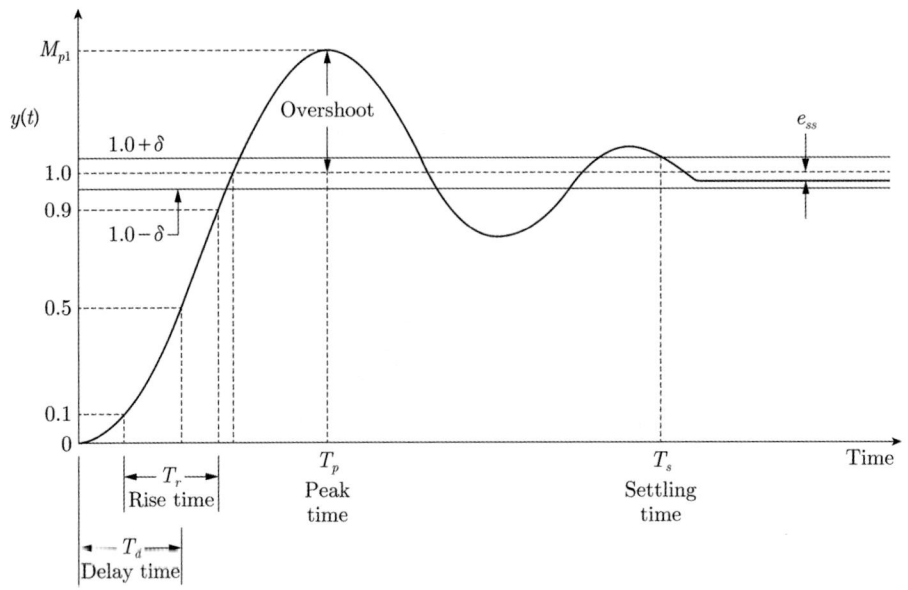

① 오버슈트(Overshoot) : 응답 중에 생기는 출력이 입력을 넘어선 값

　　　　　　　　　　안정성의 척도

- 최대오버슈트 : 응답 중에 생기는 출력이 입력을 넘어선 값 중 최댓값
- 백분율 오버슈트 = $\dfrac{\text{최대 오버슈트}}{\text{최종 목표값}} \times 100 \, [\%]$
- 최대 오버슈트 발생 시간

  $\omega_n \sqrt{1-\zeta^2}\, t = n\pi$ 에서

  최대 오버슈트 발생은 $n=1$ 에서 발생하므로

  최대 오버슈트가 발생하는 시간 $t_p = \dfrac{\pi}{\omega_n \sqrt{1-\zeta^2}}$ 이 된다.

② 지연시간(T_d)

　응답이 최종 희망값 50[%]에 도달하는데 필요한 시간

③ 상승시간(입상시간, T_r) : 응답이 최종 희망값 10~90[%]에 도달하는데 필요한 시간

　　　　　　　　　　속응성의 척도

④ 정정시간(정착시간, 응답시간, T_s) : 응답이 정해진 허용범위 이내로 정착 되는 시간

　　　　　　　　　　응답이 목표 값의 ±2~5[%]에 들어오는 시간

⑤ 감쇠비 : 과도응답의 소멸되는 정도를 나타내는 양

$$감쇠비 = \frac{제2오버슈트}{최대오버슈트}$$

특성방정식(Characteristic Equation)과 극·영점

1 특성방정식(Characteristic equation)

그림의 폐루프 시스템의 전달 함수는 다음과 같다.

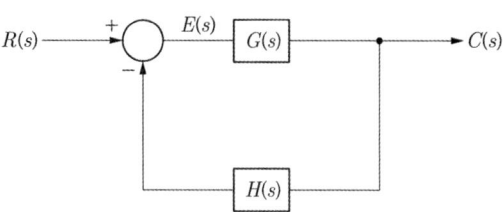

전달 함수는 $T(s) = \dfrac{C(s)}{R(s)} = \dfrac{G(s)}{1+G(s)H(s)}$ 가 되며

이 폐루프 전달 함수의 분모를 0으로 놓은 식을 특성방정식(Characteristic equation)이라 한다.
$F(s) = 1 + G(s)H(s) = 0$

2 극·영점

폐루프 전달 함수를 유리식으로 나타내면 다음과 같다.

$$T(s) = \frac{C(s)}{R(s)} = \frac{G(s)}{1+G(s)H(s)} = K\frac{(s+Z_1)(s+Z_2)+ \cdots +(s+Z_n)}{(s+P_1)(s+P_2)+ \cdots +(s+P_n)}$$

① 영점 (Zero) : 전달 함수 $T(s)$의 값을 0으로 하는 s의 모든 값, 표시 : O

② 극점 (Pole) : 전달 함수 $T(s)$의 값을 ∞로 하는 s의 모든 값, 표시 : X
  극점은 시스템의 특성을 결정하므로 특성근이라 한다.
  특성방정식의 근

3 극점(특성방정식의 근)의 위치에 따른 응답특성

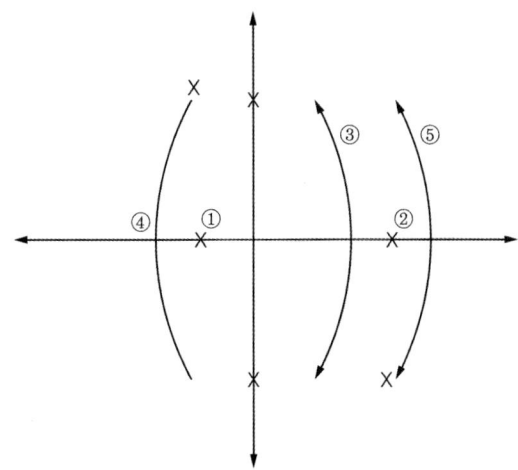

① 극점이 s 평면의 좌반면에 존재(실근)

전달 함수 $G(s) = \dfrac{1}{s+a} \to g(t) = e^{-at}$

특성방정식 : $s + a = 0$

극점 $s = -a$

시간이 지나면 0에 수렴하므로 안정하다.

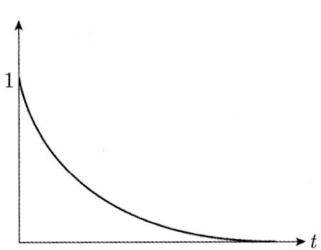

② 극점이 s 평면의 우반면에 존재(실근)

전달 함수 $G(s) = \dfrac{1}{s-a} \to g(t) = e^{at}$

특성방정식 : $s - a = 0$

극점 $s = a$

시간이 지나면 ∞ 로 발산하므로 불안정하다.

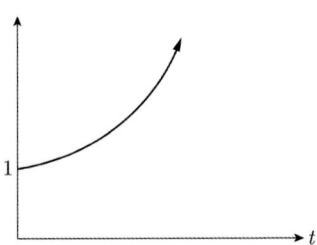

③ 극점이 s 평면의 허수축에 공액으로 존재(허근)

전달 함수 $G(s) = \dfrac{a}{s^2 + a^2} \to g(t) = \sin at$

특성방정식 : $s^2 + a^2 = 0$

극점 $s = \pm ja$

시간이 지나가도 같은 진폭으로 진동하므로 임계상태이다.

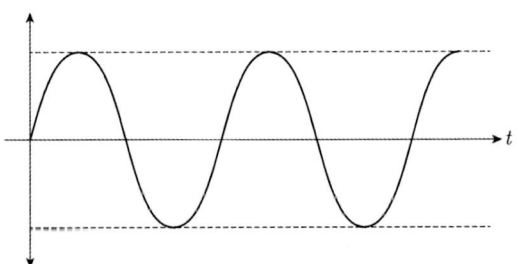

④ 극점이 s 평면의 좌반면에 존재(실근, 허근)

전달 함수 $G(s) = \dfrac{b}{(s+a)^2 + b^2}$

$\to g(t) = e^{-at} \sin bt$

특성방정식 : $(s+a)^2 + b^2 = 0$

극점 $s = -a \pm jb$

시간이 지나면 0에 수렴하므로 안정하다.

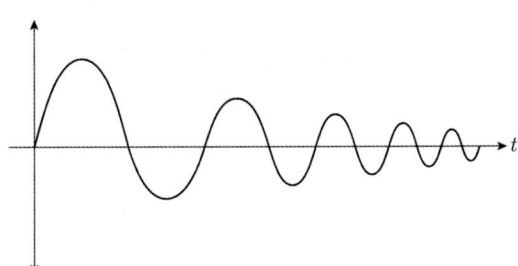

⑤ 극점이 s 평면의 우반면에 존재(실근, 허근)

전달 함수 $G(s) = \dfrac{b}{(s-a)^2 + b^2}$

$\to g(t) = e^{at} \sin bt$

특성방정식 : $(s-a)^2 + b^2 = 0$

극점 $s = a \pm jb$

시간이 지나면 ∞ 로 발산하므로 불안정하다.

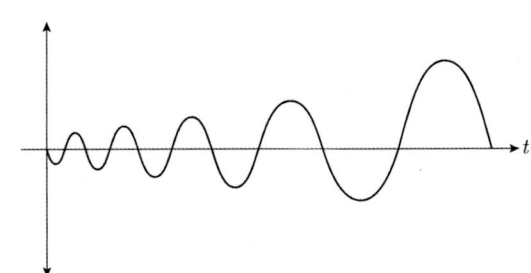

따라서 극점의 위치에 따른 안정 특성은 다음과 같다.
- 극점이 좌반면에 존재 : 안정
- 극점이 우반면에 존재 : 불안정
- 극점이 허수축에 존재 : 임계

특성방정식의 근(극점)의 위치에 따른 안정도를 나타내면 다음과 같다.

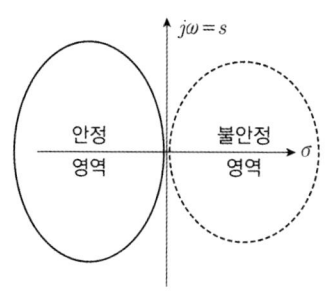

2차 시스템의 과도응답

2차 시스템의 전달 함수 $G(s) = \dfrac{C(s)}{R(s)} = \dfrac{\omega_n^2}{s^2 + 2\zeta\omega_n s + \omega_n^2}$

여기서, ζ : 제동비(감쇠비), ω_n : 고유각주파수

- $\alpha = \zeta\omega_n$: 제동인자
- 시정수 $\tau = \dfrac{1}{\alpha} = \dfrac{1}{\zeta\omega_n}$
- 최대 오버슈트가 발생하는 시간 : $t_p = \dfrac{\pi}{\omega_n\sqrt{1-\zeta^2}}$
- 과도 진동 주파수 : $\omega = \omega_n\sqrt{1-\zeta^2}$
- 공진주파수 : $\omega = \omega_n\sqrt{1-2\zeta^2}$

1 **특성방정식**

$s^2 + 2\zeta\omega_n s + \omega_n^2 = 0$

2 **특성근**

$s_1, s_2 = -\zeta\omega_n \pm \omega_n\sqrt{\zeta^2-1}$

3 **제동비에 따른 응답**

① $\zeta > 1$(과제동) : $s_1, s_2 = -\zeta\omega_n \pm \omega_n\sqrt{\zeta^2-1}$

② $\zeta = 1$(임계제동) : $s_1, s_2 = -\omega_n$(중근)

③ $0 < \zeta < 1$(부족제동) : $s_1, s_2 = -\zeta\omega_n \pm j\omega_n\sqrt{1-\zeta^2}$

④ $\zeta = 0$(무제동) : $s_1, s_2 = \pm j\omega_n$

⑤ $\zeta < 0$: $s_1, s_2 = -\zeta\omega_n \pm \omega_n\sqrt{1-\zeta^2}$: 부로 제동된 경우(s 평면 우반면에 근이 존재)

예 2차 시스템의 제동비, 고유 각주파수, 시정수

$$2\frac{d^2y(t)}{dt^2}+4\frac{dy(t)}{dt}+8y(t)=8x(t)$$

초기값을 0으로 하고 라플라스 변환하면

$(2s^2+4s+8)Y(s)=8X(s)$

$$G(s)=\frac{Y(s)}{X(s)}=\frac{8}{2s^2+4s+8}=\frac{4}{s^2+2s+4}$$

2차 시스템의 전달 함수 $G(s)=\frac{C(s)}{R(s)}=\frac{\omega_n^2}{s^2+2\zeta\omega_n s+\omega_n^2}$ 과 비교하면

① 고유각주파수 : $\omega_n^2=4$ 이므로 $\omega_n=2$

② 제동비 : $2\zeta\omega_n=2$ 에서 $\zeta=\frac{2}{2\omega_n}=\frac{2}{2\times 2}=\frac{1}{2}=0.5$

③ 감쇠계수 : $\alpha=\zeta w_n=0.5\times 2=1$

④ 시정수 $\tau=\frac{1}{\alpha}=\frac{1}{1}=1$

【참고사항】

2차 시스템의 전달 함수 $G(s)=\frac{C(s)}{R(s)}=\frac{\omega_n^2}{s^2+2\zeta\omega_n s+\omega_n^2}$ 에서

단위 계단입력인 $R(s)=\frac{1}{s}$ 를 인가하면 시스템의 출력응답은

$$C(s)=\frac{\omega_n^2}{s(s^2+2\zeta\omega_n s+\omega_n^2)}$$

따라서 위의 식을 역라플라스 변환함으로써 출력인 단위 계단응답을 계산할 수 있다.

$C(s)=\frac{\omega_n^2}{s(s^2+2\zeta\omega_n s+\omega_n^2)}$ 을 부분분수 전개하면

$$C(s)=\frac{A}{s}+\frac{Bs+C}{s^2+2\zeta\omega_n s+\omega_n^2}$$

여기서, 계수 A 는 $A=\frac{\omega_n^2}{s^2+2\zeta\omega_n s+\omega_n^2}\Big|_{s=0}=1$

계수 B 와 C 는 계수 비교법을 이용하면

$$C(s)=\frac{s^2+2\zeta\omega_n s+\omega_n^2+Bs^2+Cs}{s(s^2+2\zeta\omega_n s+\omega_n^2)}=\frac{\omega_n^2}{s(s^2+2\zeta\omega_n s+\omega_n^2)}$$

여기서, $1+B=0 \rightarrow B=-1$

$2\zeta\omega_n+C=0 \rightarrow C=-2\zeta\omega_n$

따라서 $C(s) = \dfrac{\omega_n^2}{s(s^2 + 2\zeta\omega_n s + \omega_n^2)}$ 는 다음과 같이 표현된다.

$$C(s) = \dfrac{1}{s} - \dfrac{s + 2\zeta\omega_n}{s^2 + 2\zeta\omega_n s + \omega_n^2} = \dfrac{1}{s} - \dfrac{s + \zeta\omega_n + \zeta\omega_n}{s^2 + 2\zeta\omega_n s + \omega_n^2}$$

$$= \dfrac{1}{s} - \left(\dfrac{s + \zeta\omega_n}{s^2 + 2\zeta\omega_n s + \omega_n^2} + \dfrac{\zeta\omega_n}{s^2 + 2\zeta\omega_n s + \omega_n^2} \cdot \dfrac{\omega_n\sqrt{1-\zeta^2}}{\omega_n\sqrt{1-\zeta^2}} \right)$$

$$= \dfrac{1}{s} - \left(\dfrac{s + \zeta\omega_n}{(s+\zeta\omega_n)^2 + \omega_n^2(1-\zeta^2)} + \dfrac{\zeta}{\sqrt{1-\zeta^2}} \cdot \dfrac{\omega_n\sqrt{1-\zeta^2}}{(s+\zeta\omega_n)^2 + \omega_n^2(1-\zeta^2)} \right)$$

여기서, $\mathcal{L}[\sin\omega t] = \dfrac{\omega}{s^2+\omega^2}$, $\mathcal{L}[\cos\omega t] = \dfrac{s}{s^2+\omega^2}$ 이므로

$$c(t) = 1 - \left[e^{-\zeta\omega_n t} \cos\omega_n \sqrt{1-\zeta^2}\, t + \dfrac{\zeta}{\sqrt{1-\zeta^2}} e^{-\zeta\omega_n t} \sin\omega_n \sqrt{1-\zeta^2}\, t \right]$$

또한, 삼각함수 공식 $A\cos\omega t + B\sin\omega t = \sqrt{A^2+B^2}\sin\left(\omega t + \tan^{-1}\dfrac{A}{B}\right)$ 이므로

$$c(t) = 1 - \left[e^{-\zeta\omega_n t}\sqrt{1 + \dfrac{\zeta^2}{1-\zeta^2}} \cdot \sin\left(\omega_n\sqrt{1-\zeta^2}\,t + \tan^{-1}\dfrac{\sqrt{1-\zeta^2}}{\zeta}\right) \right]$$

$$\therefore\ c(t) = 1 - \left[\dfrac{e^{-\zeta\omega_n t}}{\sqrt{1-\zeta^2}} \cdot \sin\left(\omega_n\sqrt{1-\zeta^2}\,t + \tan^{-1}\dfrac{\sqrt{1-\zeta^2}}{-\zeta}\right) \right]$$

단위 계단응답 시 특성방정식의 근이 2차 시스템의 제동에 미치는 영향은 다음과 같다.

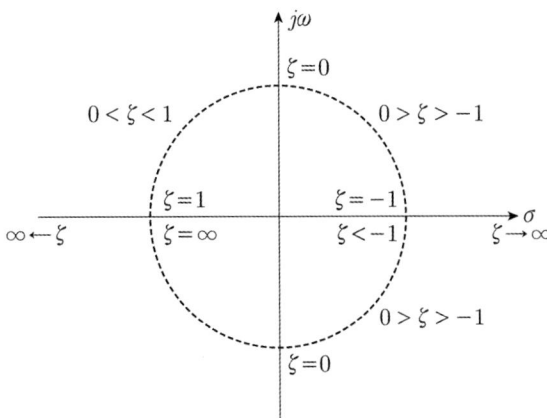

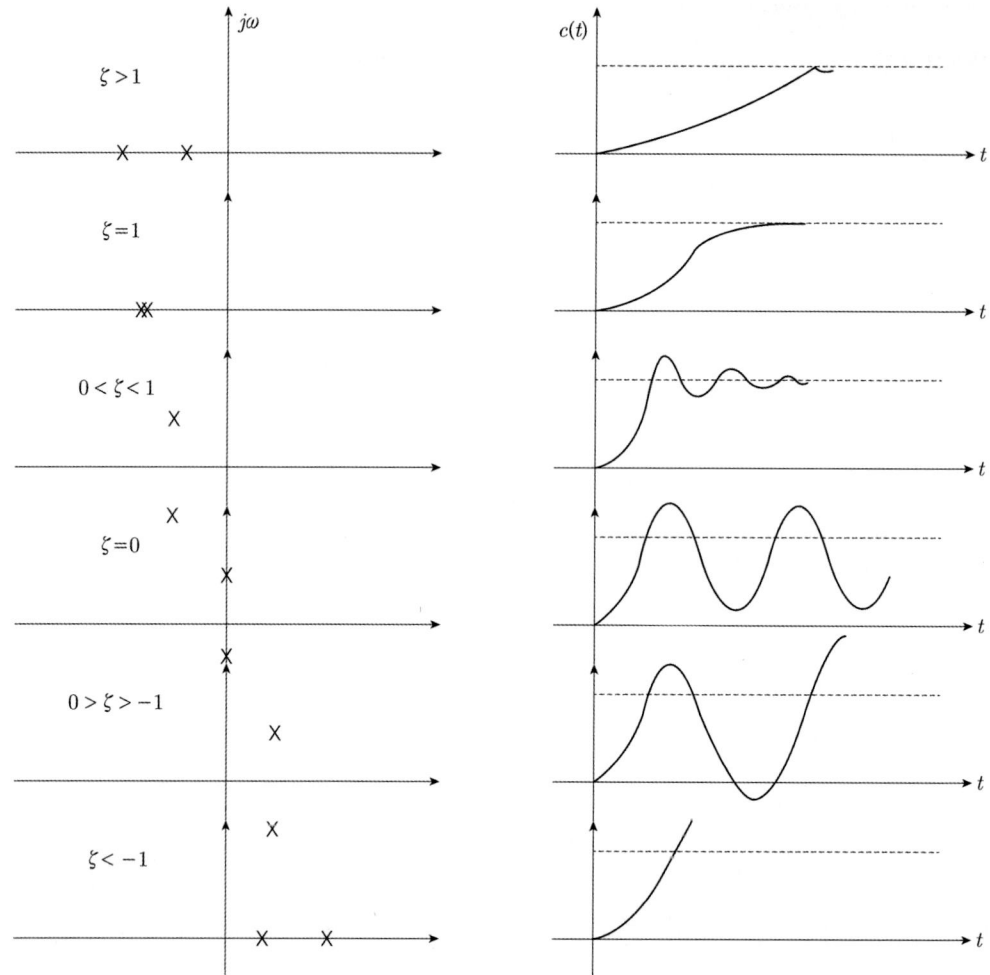

【 단위 계단응답 시 특성방정식의 근이 2차 시스템의 제동에 미치는 영향 】

이론 요약

1. 시간응답

과도응답 + 정상응답

2. 과도응답을 위한 시험입력

계단응답 인디셜 응답 (단위계단입력)	$r(t) = u(t) \rightarrow R(s) = \dfrac{1}{s}$	$C(t) = \mathcal{L}^{-1}[C(s)] = \mathcal{L}^{-1}[G(s) \cdot \dfrac{1}{s}]$
임펄스 응답	$r(t) = \delta(t) \rightarrow R(s) = 1$	$C(t) = \mathcal{L}^{-1}[C(s)] = \mathcal{L}^{-1}[G(s)]$
경사 응답 (램프 응답)	$r(t) = t \cdot u(t) \rightarrow R(s) = \dfrac{1}{s^2}$	$C(t) = \mathcal{L}^{-1}[C(s)] = \mathcal{L}^{-1}[G(s)\dfrac{1}{s^2}]$
포물선 응답	$r(t) = \dfrac{R}{2}t^2 \rightarrow R(s) = \dfrac{R}{s^3}$	$C(t) = \mathcal{L}^{-1}[C(s)] = \mathcal{L}^{-1}[G(s)\dfrac{1}{s^3}]$

3. 과도응답 명세

① 오버슈트
- 과도 상태 중 계단 입력을 초과하여 나타나는 출력의 최대 편차량. 안정성의 기준
- 감쇠비 : 과도응답의 소멸되는 정도를 나타내는 양

$$감쇠비 = \dfrac{제2오버슈트}{최대오버슈트}$$

② 지연시간 : 정상값의 50[%]에 도달하는 시간
③ 상승시간(입상시간) : 정상값의 10~90[%]에 도달하는 시간, 속응성 판단 기준
④ 정정시간(응답시간) : 응답의 최종값의 허용 범위가 ±2~5[%] 내에 들어오는 시간

4. 자동제어계의 과도응답

① 특성방정식 : 폐루프 전달함수의 분모를 0으로 놓은 식
- $F(s) = 1 + G(s)H(s) = 0$: 특성방정식, 특성근

$$= K\dfrac{(s+Z_1)(s+Z_2) + \cdots + (s+Z_n)}{(s+P_1)(s+P_2) + \cdots + (s+P_n)}$$

- 전달함수에서의 영점과 극점
  - 영점(Zero) : $C(s) = 0$, $G(s)$의 값을 0으로 하는 s의 모든 값 표시 : O
  - 극점(Pole) : $R(s) = 0$, $G(s)$의 값을 ∞로 하는 s의 모든 값 표시 : X

② 특성방정식의 근(극점)의 위치와 과도응답
- 우반면 → 불안정
- 좌반면 → 안정
- 허수축 → 임계

③ 2차 제어시스템의 과도응답

$$G(s) = \frac{C(s)}{R(s)} = \frac{\omega_n^2}{s^2 + 2\zeta\omega_n s + \omega_n^2}$$

여기서, ζ : 제동비(감쇠비), ω_n : 고유 각주파수

- 특성방정식 : $s^2 + 2\zeta\omega_n s + \omega_n^2 = 0$
- 특성근 : $s_1, s_2 = -\zeta\omega_n \pm \omega_n\sqrt{\zeta^2 - 1}$
    - $\zeta > 1$(과제동) : $s_1, s_2 = -\zeta\omega_n \pm \omega_n\sqrt{\zeta^2 - 1}$ (음의 실근)
    - $\zeta = 1$(임계제동) : $s_1, s_2 = -\omega_n$(음의 실근(중복근))
    - $0 < \zeta < 1$(부족제동) : $s_1, s_2 = -\zeta\omega_n \pm j\omega_n\sqrt{1-\zeta^2}$ (음의 실근과 허근)
    - $\zeta = 0$(무제동) : $s_1, s_2 = \pm j\omega_n$
    - $\zeta < 0$: 불안정, 우반면의 실근 또는 실근과 허근

CHAPTER 05 필수 기출문제

꼭! 나오는 문제만 간추린

01 어떤 제어계에 입력 신호를 가하고 난 후 출력 신호가 정상 상태에 도달할 때까지의 응답을 무엇이라고 하는가?

① 시간 응답　② 선형 응답　③ 정상 응답　④ 과도 응답

해설
시간 응답 = 과도 응답 + 정상 응답
과도 응답은 입력 신호를 가하고 난 후 출력 신호가 정상 상태에 도달할 때까지의 응답을 말한다.
【답】 ④

02 시간 영역에서 자동 제어계를 해석할 때 기본 시험 입력에 보통 사용되지 않는 입력은?

① 정속도 입력
② 정현파 입력
③ 단위 계단 입력
④ 정가속도 입력

해설
시간 영역 해석 시 시험 입력
- 임펄스 응답(Impulse Response)
- 계단 응답(Step Response) : 위치 입력
- 경사 응답(Ramp Response) : 속도 입력
- 포물선 응답 : 가속도 입력

【답】 ②

03 전달 함수 $C(s) = G(s)R(s)$에서 입력 함수를 단위 임펄스, 즉 $\delta(t)$로 가할 때 계의 응답은?

① $C(s) = G(s)\delta(s)$
② $C(s) = \dfrac{G(s)}{\delta(s)}$
③ $C(s) = \dfrac{G(s)}{s}$
④ $C(s) = G(s)$

해설
임펄스 응답(Impulse Response) : $r(t) = \delta(t)$
출력 $C(s) = G(s)R(s)$에서 $R(s) = 1$
$C(s) = G(s)$
【답】 ④

04 어떤 제어계의 임펄스 응답이 $\sin \omega t$ 일 때 계의 전달 함수는?

① $\dfrac{\omega}{s+\omega}$
② $\dfrac{s}{s^2+\omega^2}$
③ $\dfrac{\omega}{s^2+\omega^2}$
④ $\dfrac{\omega^2}{s+\omega}$

해설
전달 함수 : 입력과 출력의 라플라스 변환비
임펄스 응답의 라플라스 변환(초기값 = 0)
여기서, 임펄스 응답이 $\sin t$이므로 전달 함수는 임펄스 응답의 라플라스 변환이므로
$\mathcal{L}[\sin t] = \dfrac{\omega}{s^2+\omega^2}$

따라서 전달 함수는 $G(s) = \dfrac{\omega}{s^2+\omega^2}$
【답】 ③

05 전달 함수 $G(s) = \dfrac{1}{s+1}$ 인 제어계의 인디셜 응답은?

① $1 - e^{-t}$
② e^{-t}
③ $1 + e^{-t}$
④ $e^{-t} - 1$

해설

인디셜 응답 : 단위계단 응답
　　　　　　　입력이 단위계단함수인 경우 출력

전달 함수 $G(s) = \dfrac{C(s)}{R(s)} = \dfrac{1}{s+1}$

출력 $C(s) = \dfrac{1}{s+1} \cdot R(s)$ 에서 $R(s) = \dfrac{1}{s}$ 이며

$= \dfrac{1}{s+1} \cdot \dfrac{1}{s} = \dfrac{1}{s(s+1)} = \dfrac{1}{s} - \dfrac{1}{s+1}$

따라서 라플라스 역변환하면 인디셜 응답은
∴ $c(t) = 1 - e^{-t}$

【답】 ①

06 다음 과도 응답에 관한 설명 중 틀린 것은?

① 최대오버슈트는 응답 중에 생기는 입력과 출력 사이의 최대 편차를 말한다.
② 지연시간(time delay)이란 응답이 최초로 희망값의 10[%] 진행되는 데 요하는 시간을 말한다.
③ 감쇠비 = $\dfrac{제2의\ 오버슈트}{최대\ 오버슈트}$
④ 입상 시간(rise time)이란 응답이 희망값의 10[%]에서 90[%]까지 도달하는 데 요하는 시간을 말한다.

해설

과도 응답 명세
- 오버슈트 : 과도 상태 중 계단 입력을 초과하여 나타나는 출력의 최대 편차량
　　　　　　안정성의 기준
　감쇠비 : 과도 응답의 소멸되는 정도를 나타내는 양

　　　　감쇠비 = $\dfrac{제2오버슈트}{최대오버슈트}$

- 지연시간(시간 늦음) : 정상 값의 50[%]에 도달하는 시간
- 상승시간(입상시간) : 정상 값의 10~90[%]에 도달하는 시간, 속응성 판단 기준
- 정정시간(정착시간, 응답시간) : 응답의 최종 값의 허용 범위가 2~5[%] 내에 안정되기까지 요하는 시간

【답】 ②

07 과도 응답의 소멸되는 정도를 나타내는 감쇠비(decay ratio)는?

① 최대 오버슈트 / 제2오버슈트
② 제3오버슈트 / 제2오버슈트
③ 제2오버슈트 / 최대 오버슈트
④ 제2오버슈트 / 제3오버슈트

해설

감쇠비 : 과도 응답의 소멸 정도

감쇠비 = $\dfrac{제2오버슈트}{최대오버슈트}$

【답】 ③

08 응답이 최종 값의 10[%]에서 90[%]까지 되는 데 요하는 시간은?

① 상승시간(rise time)
② 지연시간(delay time)
③ 응답시간(response time)
④ 정정시간(settling time)

해설

상승시간(입상시간) : 정상 값의 10~90[%]에 도달하는 시간, 속응성 판단 기준

【답】 ①

09 자동 제어계에서 과도 응답 중 지연 시간을 옳게 정의한 것은?

① 목표값의 50[%]에 도달하는 시간
② 목표값이 허용 오차 범위에 들어갈 때까지의 시간
③ 최대 오버슈트가 일어나는 시간
④ 목표값의 10 ~ 90[%]까지 도달하는 시간

해설 지연시간(시간 늦음) : 정상 값의 50[%]에 도달하는 시간

【답】①

10 어떤 제어계의 단위 계단 입력에 대한 출력 응답 $c(t)$가 다음과 같이 주어진다. 지연 시간 T_d [s]는?

$$c(t) = 1 - e^{-2t}$$

① 0.346
② 0.446
③ 0.693
④ 0.793

해설 응답의 최종값 $\lim_{t \to \infty} c(t) = \lim_{t \to \infty} 1 - e^{-2t} = 1$ 이므로
지연시간(T_d)는 응답의 최종값의 50[%]에 도달하는 시간이므로
$0.5 = 1 - e^{-2T_d}$
$\frac{1}{e^{2T_d}} = 1 - 0.5$
$2T_d = \ln 2 = 0.693$ ∴ $T_d = 0.346$

【답】①

11 개루프 전달 함수 $G(s)H(s) = \dfrac{s+2}{(s+1)(s+3)}$ 인 부궤환 제어계의 특성방정식은?

① $s^2 + 4s + 3 = 0$
② $s^2 + 5s + 5 = 0$
③ $s^2 + 5s + 6 = 0$
④ $s^2 + 6s + 5 = 0$

해설 폐루프 특성방정식을 구하면
폐루프의 특성방정식은 개루프 전달 함수의 (분모+분자)이므로
$(s+1)(s+3) + s + 2 = 0$
따라서 특성방정식은 $s^2 + 5s + 5 = 0$

【답】②

12 $G(s) = \dfrac{s+1}{s^2 + 2s - 3}$ 의 특성방정식의 근은 얼마인가?

① -2, 3
② 1, -3
③ 1, 2
④ 1

해설 전달 함수의 분모=0인 방정식을 특성방정식이라 하고
여기서, 특성방정식 $s^2 + 2s - 3 = 0$ 에서 $(s-1)(s+3) = 0$
따라서 극점은 $s = 1, -3$

【답】②

13 s 평면상에서 전달 함수의 극점이 그림과 같은 위치에 있으면 이 회로망의 상태는?

① 발진하지 않는다.
② 점점 더 크게 발진한다.
③ 지속 발진한다.
④ 감폭 진동한다.

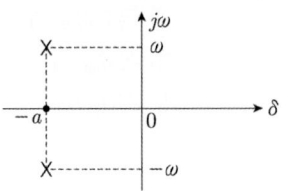

해설 극점의 위치에 따른 시간응답
- 좌반면에 실근 : 0으로 수렴(안정)
- 우반면에 실근 : ∞로 발산(불안정)
- 허수축 : 임계진동(임계)
- **좌반면에 실·허근 : 감쇠진동 후 0으로 수렴(안정)**
- 우반면에 실·허근 : 진폭이 커지는 진동 후 ∞로 발산(불안정)

【답】 ④

14 다음과 같이 나타낼 수 있는 2차 제어계의 극의 설명 중 옳지 않은 것은?

$$\frac{Y(s)}{X(s)} = \frac{\omega_n^2}{s^2 + 2\zeta\omega_n s + \omega_n^2}$$

① $\zeta < 0$이면 s 평면 우반부(RHP)에 있다.
② $\zeta = 0$이면 두 극은 허수이고 $s = \pm j\omega_n$이다.
③ $\zeta = 1$일 때 두 극은 같고 부의 실수 $(s = -\omega_n)$이다.
④ $\zeta > 1$이면 두 극은 부의 실수와 양의 실수가 된다.

해설 2차 시스템은 다음과 같은 특징이 있다.
특성방정식 : $s^2 + 2\zeta\omega_n s + \omega_n^2 = 0$
- $\zeta = 0$인 경우 : 무제동(무한 진동 또는 완전 진동), $s = \pm j\omega_n$
- $0 < \zeta < 1$인 경우 : 부족 제동(감쇠 진동), $s = -\alpha \pm j\omega_n$
- **$\zeta > 1$인 경우 : 과제동(비진동), $s = -\alpha, -\beta$(부의 실근)**
- $\zeta = 1$인 경우 : 임계 제동, $s = -\omega_n$

【답】 ④

15 $M(s) = \dfrac{100}{s^2 + s + 100}$ 으로 표시되는 2차계에서 고유 진동수 ω_n은?

① 2
② 5
③ 10
④ 20

해설 2차 시스템의 전달 함수 $G(s) = \dfrac{\omega_n^2}{s^2 + 2\zeta\omega_n s + \omega_n^2}$ 이므로

$M(s) = \dfrac{100}{s^2 + s + 100}$에서

$\omega_n^2 = 100$에서
고유 각주파수 $\omega_n = 10$

【답】 ③

16 특성방정식 $s^2 + s + 2 = 0$을 갖는 2차계의 제동비(damping ratio)는?

① 1
② $\dfrac{1}{\sqrt{2}}$
③ $\dfrac{1}{2}$
④ $\dfrac{1}{2\sqrt{2}}$

해설 2차 시스템의 특성방정식 $s^2 + 2\zeta\omega_n s + \omega_n^2 = 0$에서
$\omega_n^2 = 2$에서 $\omega_n = \sqrt{2}$이며
$2\zeta\omega_n = 1$에서
감쇠비(제동비) $\zeta = \dfrac{1}{2\omega_n} = \dfrac{1}{2\sqrt{2}}$

【답】 ④

17 특성 방정식 $s^2 + 2\zeta\omega_n s + \omega_n^2 = 0$에서 ζ를 제동비라고 할 때 $\zeta < 1$인 경우는?

① 임계 진동
② 강제 진동
③ 감쇠 진동
④ 완전 진동

해설 제동비에 따른 응답
- $\zeta > 1$ (과제동) : $s_1, s_2 = -\zeta\omega_n \pm \omega_n\sqrt{\zeta^2 - 1}$ 비진동
- $\zeta = 1$ (임계제동) : $s_1, s_2 = -\omega_n$ (중근) 비진동
- $0 < \zeta < 1$ (부족제동) : $s_1, s_2 = -\zeta\omega_n \pm j\omega_n\sqrt{1 - \zeta^2}$ 감쇠진동
- $\zeta = 0$ (무제동) : $s_1, s_2 = \pm j\omega_n$ 진동

【답】 ③

18 제동 계수 $\zeta = 1$인 경우 어떠한가?

① 임계 제동이다.
② 강제 진동이다.
③ 감쇠 진동이다.
④ 완전 진동이다.

해설 제동비에 따른 응답
- $\zeta = 1$ (임계제동) : $s_1, s_2 = -\omega_n$ (중근) 비진동

【답】 ①

19 다음 미분 방정식으로 표시되는 2차 계통에서 감쇠율(damping ratio) ζ와 제동의 종류는?

$$\dfrac{d^2 y(t)}{dt^2} + 6\dfrac{dy(t)}{dt} + 9y(t) = 9x(t)$$

① $\zeta = 0$: 무제동
② $\zeta = 1$: 임계 제동
③ $\zeta = 2$: 과제동
④ $\zeta = 0.5$: 감쇠 진동 또는 부족 제동

해설 미분방정식을 라플라스 변환하면
$s^2 Y(s) + 6sY(s) + 9Y(s) = 9X(s)$
따라서 전달 함수 $G(s) = \dfrac{Y(s)}{X(s)} = \dfrac{9}{s^2 + 6s + 9} = \dfrac{\omega_n^2}{s^2 + 2\zeta\omega_n s + \omega_n^2}$
$\omega_n^2 = 9$에서 $\omega_n = 3$이며

$2\zeta\omega_n = 6$ 에서

감쇠비(제동비) $\zeta = \dfrac{6}{2\omega_n} = \dfrac{6}{2 \times 3} = 1$

따라서 $\zeta = 1$이므로 임계제동이다.

【답】②

20 전달 함수 $\dfrac{C(s)}{R(s)} = \dfrac{1}{4s^2 + 3s + 1}$ 인 제어계는 어느 경우인가?

① 과제동(over damped)
② 부족 제동(under damped)
③ 임계 제동(critical damped)
④ 무제동(undamped)

해설 전달 함수

$$G(s) = \dfrac{1}{4s^2 + 3s + 1} = \dfrac{\frac{1}{4}}{s^2 + \frac{3}{4}s + \frac{1}{4}}$$

2차 방정식

$$G(s) = \dfrac{\omega_n^2}{s^2 + 2\zeta\omega_n s + \omega_n^2}$$ 과 비교하면

$\omega_n^2 = \dfrac{1}{4}$ 에서 $\omega_n = \dfrac{1}{2}$ 이며

$2\zeta\omega_n = \dfrac{3}{4}$ 에서

감쇠비(제동비) $\zeta = \dfrac{\frac{3}{4}}{2\omega_n} = \dfrac{\frac{3}{4}}{2 \times \frac{1}{2}} = \dfrac{3}{4} = 0.75$

따라서 $\zeta < 1$이므로 부족 제동이다.

【답】②

CHAPTER 06 편차와 감도

정상상태오차(Steady State error : e_{ss}) · 시스템의 형(type) · 정상상태응답을 위한 시험입력 · 정상상태오차 · 감도(Sensitivity)

정상응답(Steady State Response)시간이 무한대로 도달할 때의 고정된 응답을 정상상태 응답이라 하고 이 정상상태응답이 입력과 비교될 때 시스템의 최종 정확도를 알 수 있다. 따라서 제어 시스템의 정상상태응답이 입력의 정상상태와 일치하지 않을 때 이 시스템은 정상상태오차(Steady State Error)를 가지고 있다고 한다.

따라서 시스템의 정상상태오차를 구하기 위해서는 제어 시스템에서 나타나는 오차(error)를 명확하게 정의를 하여야 한다. 여기서 오차는 기준입력과 출력과의 차로 다음과 같은 식으로 표현된다.

$$\text{오차}(error) = \text{기준입력} - \text{출력}$$
$$e(t) = r(t) - c(t)$$

정상상태오차(Steady State error : e_{ss})

피드백 제어 시스템의 정상상태오차는 시간이 무한대에 도달할 때 나타나는 오차로 정의되므로 정상상태오차(steady-state error)는 다음과 같다.

$$e_{ss} = \lim_{t \to \infty} e(t)$$

위의 식에 라플라스 변환에서의 최종치 정리(Final Value Theorem)를 사용하면 시스템의 정상상태오차는 다음과 같다.

$$e_{ss} = \lim_{t \to \infty} e(t) = \lim_{s \to 0} s \cdot E(s)$$

여기서, $E(s)$는 허수축 상과 s평면의 우반부 내에서 해석적(analytic) 하여야 한다.
(즉, $s = 0$인 극점을 제외하고 s평면의 좌반면에 극점을 가져야 한다.)

정상상태 오차를 구하면 다음과 같다.

1 단위 피드백 시스템

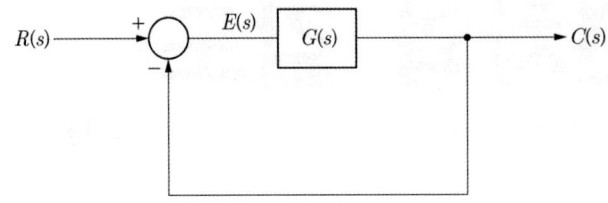

오차 $E(s) = R(s) - C(s)$

여기서, 전달 함수는 $T(s) = \dfrac{C(s)}{R(s)} = \dfrac{G(s)}{1+G(s)}$ 이므로

출력은 $C(s) = \dfrac{G(s)}{1+G(s)}R(s)$ 이며

오차는 $E(s) = R(s) - \dfrac{G(s)}{1+G(s)}R(s)$

$E(s) = \dfrac{1}{1+G(s)}R(s)$

따라서 정상상태오차는 다음과 같다.

$e_{ss} = \lim\limits_{t \to \infty} e(t) = \lim\limits_{s \to 0} sE(s) = \lim\limits_{s \to 0} s\dfrac{1}{1+G(s)}R(s)$

2 피드백 시스템

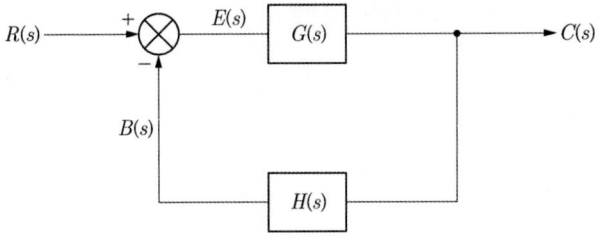

오차 $E(s) = R(s) - B(s)H(s)$

여기서, 전달 함수는 $T(s) = \dfrac{C(s)}{R(s)} = \dfrac{G(s)}{1+G(s)H(s)}$ 이므로

출력은 $C(s) = \dfrac{G(s)}{1+G(s)H(s)}R(s)$ 이며

오차는 $E(s) = R(s) - \dfrac{G(s)}{1+G(s)H(s)}R(s)$

$E(s) = \dfrac{1}{1+G(s)H(s)}R(s)$

따라서 정상상태오차는 다음과 같다.

$e_{ss} = \lim\limits_{t \to \infty} e(t) = \lim\limits_{s \to 0} sE(s) = \lim\limits_{s \to 0} s\dfrac{1}{1+G(s)H(s)}R(s)$

시스템의 형(type)

시스템의 형(type)은 $G(s)H(s)$의 형태에 따라 제어 시스템의 형태를 나타낸 것으로 다음과 같다.

$G(s)H(s) = k\dfrac{(s+Z_1)(s+Z_2)\cdots(s+Z_n)}{(s+P_1)(s+P_2)\cdots(s+P_n)}$ 에서

$G(s)H(s) = k\dfrac{s^a(s+Z_1)(s+Z_2)\cdots(s+Z_{n-a})}{s^b(s+P_1)(s+P_2)\cdots(s+P_{n-b})}$

여기서, $b \geq a$인 시스템에서 $\ell = b - a$ (ℓ형 제어계)

따라서 일반적으로 $G(s)H(s) = \dfrac{k}{s^\ell}$ 에서

$\ell = 0$: 0형 제어계
$\ell = 1$: 1형 제어계
$\ell = 2$: 2형 제어계
$\vdots$

정상상태응답을 위한 시험입력

정상상태응답을 알기 위해서는 시험입력이 필요하며 다음과 같다.

1 계단 입력

$r(t) = R \cdot u(t),\ R(s) = \dfrac{R}{s}$

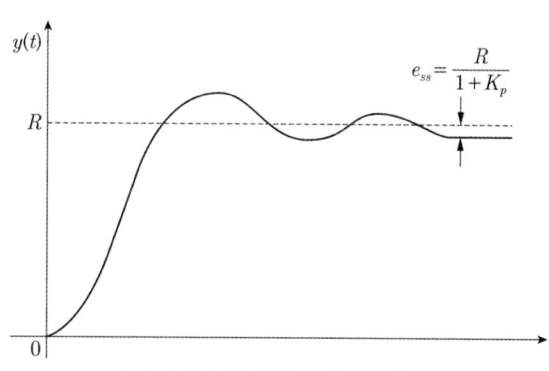

【 계단입력 시 정상상태 오차 】

2 램프 입력

$r(t) = Rt \cdot u(t),\ R(s) = \dfrac{R}{s^2}$

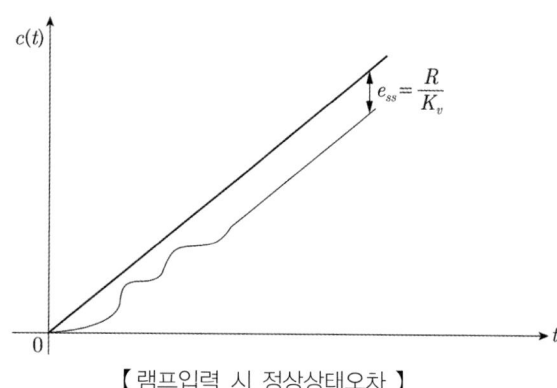

【 램프입력 시 정상상태오차 】

③ 포물선 입력

$$r(t) = \frac{R}{2}t^2, \ R(s) = \frac{R}{s^3}$$

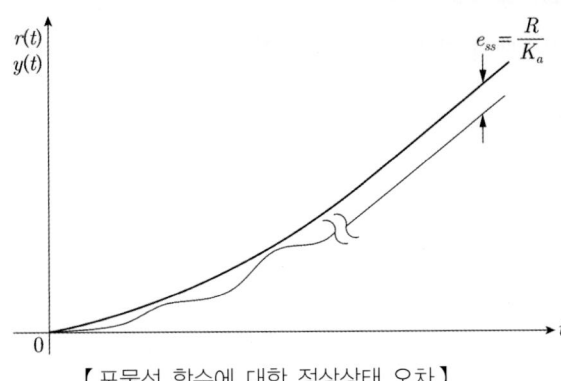

【 포물선 함수에 대한 정상상태 오차 】

정상상태오차

① 정상위치편차

정상위치편차는 입력이 계단함수인 경우의 정상상태 오차를 말하며 다음과 같이 구할 수 있다.

$$r(t) = R \cdot u(t), \ R(s) = \frac{R}{s}$$

정상상태오차는 $e_{ss} = \lim_{t \to \infty} e(t) = \lim_{s \to 0} sE(s) = \lim_{s \to 0} s \frac{1}{1+G(s)} R(s)$ 에서

$R(s) = \frac{R}{s}$ 을 대입하면

$$= \lim_{s \to 0} s \frac{1 \cdot \frac{R}{s}}{1+G(s)} = \lim_{s \to 0} \frac{R}{1+G(s)} = \frac{R}{1+\lim_{s \to 0} G(s)} = \frac{R}{1+K_P}$$

여기서, 위치편차상수 $K_P = \lim_{s \to 0} G(s)$

① 0형 제어계 : $G(s)H(s) = K\frac{(s+Z_1)(s+Z_2)\cdots(s+Z_n)}{(s+P_1)(s+P_2)\cdots(s+P_n)}$

위치편차상수 : $K_P = \lim_{s \to 0} G(s) = K$

정상상태오차 : $e_{ss} = \frac{R}{1+K}$

② 1형 제어계 : $G(s)H(s) = K\frac{(s+Z_1)(s+Z_2)\cdots(s+Z_n)}{s(s+P_1)(s+P_2)\cdots(s+P_n)}$

위치편차상수 : $K_P = \lim_{s \to 0} G(s) = \infty$

정상상태오차 : $e_{ss} = \frac{R}{1+\infty} = 0$

2 정상속도편차

정상속도편차는 입력이 램프함수인 경우의 정상상태 오차를 말하며 다음과 같이 구할 수 있다.

$$r(t) = Rt \cdot u(t), R(s) = \frac{R}{s^2}$$

정상상태오차 $e_{ss} = \lim_{t \to \infty} e(t) = \lim_{s \to 0} sE(s)$

$$= \lim_{s \to 0} s \frac{1}{1+G(s)} R(s) 에서$$

$R(s) = \frac{R}{s^2}$ 을 대입하면

$$= \lim_{s \to 0} s \frac{1 \cdot \frac{R}{s^2}}{1+G(s)} = \lim_{s \to 0} \frac{R}{s+sG(s)} = \frac{R}{\lim_{s \to 0} sG(s)} = \frac{R}{K_v}$$

여기서, 속도편차상수 $K_v = \lim_{s \to 0} sG(s)$

① 0형 제어계 : $G(s)H(s) = K \dfrac{(s+Z_1)(s+Z_2) \cdots (s+Z_n)}{(s+P_1)(s+P_2) \cdots (s+P_n)}$

속도편차상수 : $K_v = \lim_{s \to 0} sG(s) = 0$

정상상태오차 : $e_{ss} = \dfrac{R}{0} = \infty$

② 1형 제어계 : $G(s)H(s) = K \dfrac{(s+Z_1)(s+Z_2) \cdots (s+Z_n)}{s(s+P_1)(s+P_2) \cdots (s+P_n)}$

속도편차상수 : $K_v = \lim_{s \to 0} sG(s) = K$

정상상태오차 : $e_{ss} = \dfrac{R}{K}$

③ 2형 제어계 : $G(s)H(s) = K \dfrac{(s+Z_1)(s+Z_2) \cdots (s+Z_n)}{s^2(s+P_1)(s+P_2) \cdots (s+P_n)}$

속도편차상수 : $K_v = \lim_{s \to 0} sG(s) = \dfrac{R}{0} = \infty$

정상상태오차 : $e_{ss} = \dfrac{R}{\infty} = 0$

3 정상가속도편차

정상가속도편차는 입력이 포물선함수인 경우의 정상상태 오차를 말하며 다음과 같이 구할 수 있다.

$$r(t) = \frac{R}{2}t^2, \ R(s) = \frac{R}{s^3}$$

정상상태오차 $e_{ss} = \lim_{t \to \infty} e(t) = \lim_{s \to 0} sE(s)$

$$= \lim_{s \to 0} s \frac{1}{1+G(s)} R(s) \text{에서}$$

$R(s) = \dfrac{R}{s^3}$ 을 대입하면

$$= \lim_{s \to 0} s \frac{1 \cdot \dfrac{R}{s^3}}{1+G(s)} = \lim_{s \to 0} \frac{R}{s^2 + s^2 G(s)}$$

$$= \frac{R}{\lim_{s \to 0} s^2 G(s)} = \frac{R}{K_a}$$

여기서, 가속도편차상수 $K_a = \lim_{s \to 0} s^2 G(s)$

① 0형 제어계 : $G(s)H(s) = K\dfrac{(s+Z_1)(s+Z_2)\cdots(s+Z_n)}{(s+P_1)(s+P_2)\cdots(s+P_n)}$

　가속도편차상수 : $K_a = \lim_{s \to 0} s^2 G(s) = 0$

　정상상태오차 : $e_{ss} = \dfrac{R}{0} = \infty$

② 1형 제어계 : $G(s)H(s) = K\dfrac{(s+Z_1)(s+Z_2)\cdots(s+Z_n)}{s(s+P_1)(s+P_2)\cdots(s+P_n)}$

　가속도편차상수 : $K_a = \lim_{s \to 0} s^2 G(s) = 0$

　정상상태오차 : $e_{ss} = \dfrac{R}{0} = \infty$

③ 2형 제어계 : $G(s)H(s) = K\dfrac{(s+Z_1)(s+Z_2)\cdots(s+Z_n)}{s^2(s+P_1)(s+P_2)\cdots(s+P_n)}$

　가속도편차상수 : $K_v = \lim_{s \to 0} s^2 G(s) = K$

　정상상태오차 : $e_{ss} = \dfrac{R}{K}$

④ 3형 제어계 : $G(s)H(s) = K\dfrac{(s+Z_1)(s+Z_2)\cdots(s+Z_n)}{s^3(s+P_1)(s+P_2)\cdots(s+P_n)}$

　가속도편차상수 : $K_v = \lim_{s \to 0} s^2 G(s) = \infty$

　정상상태오차 : $e_{ss} = \dfrac{R}{\infty} = 0$

정상상태오차를 정리하면 다음과 같다.

제어계	편차 상수 K_p, K_v, K_a			정상위치편차 (계단 입력)	정상속도편차 (램프 입력)	정상가속도편차 (포물선 입력)
0형	K	0	0	$e_{ss} = \dfrac{R}{1+K_p}$	$e_{ss} = \infty$	$e_{ss} = \infty$
1형	∞	K	0	$e_{ss} = 0$	$e_{ss} = \dfrac{R}{K_v}$	$e_{ss} = \infty$
2형	∞	∞	K	$e_{ss} = 0$	$e_{ss} = 0$	$e_{ss} = \dfrac{R}{K_a}$
3형	∞	∞	∞	$e_{ss} = 0$	$e_{ss} = 0$	$e_{ss} = 0$

감도(Sensitivity)

감도(Sensitivity)는 시스템을 구성하는 한 요소의 특성 변화가 시스템 전체의 특성 변화에 미치는 영향을 나타낸다.

$$S_K^T = \frac{K}{T}\frac{dT}{dK} \quad (\text{여기서}, T = \frac{C(s)}{R(s)})$$

◉ K_1에 대한 계통의 전달 함수 T의 감도

$$S_{K_1}^T = \frac{K_1}{T}\frac{dT}{dK_1}$$

전체 시스템 $T = \dfrac{C(s)}{R(s)} = \dfrac{GK_1}{1+GK_2}$

$$\therefore S_{K_1}^T = \frac{K_1}{T} \cdot \frac{dT}{dK_1} = \frac{K_1}{\dfrac{K_1 G}{1+GK_2}} \cdot \frac{d}{dK_1}\left(\frac{GK_1}{1+GK_2}\right)$$

$$= \frac{1+GK_2}{G} \cdot \frac{G}{1+GK_2} = 1$$

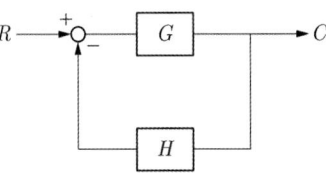

◉ H에 대한 계통의 전달 함수 T의 감도

$$S_H^T = \frac{H}{T} \cdot \frac{dT}{dH}$$

여기서, $T = \dfrac{G}{1+GH}$

$$S_H^T = \frac{H}{T} \cdot \frac{dT}{dH} = \frac{H}{\dfrac{G}{1+GH}} \cdot \frac{d}{dH}\left(\frac{G}{1+GH}\right)$$

$$= \frac{H(1+GH)}{G} \cdot \frac{-G(G)}{(1+GH)^2} = \frac{-GH}{1+GH}$$

이론 요약

1. 정상응답 : 정상상태 오차

① 오차 : $E(s) = \dfrac{1}{1+G(s)}R(s)$

② 정상상태 오차 : $e_{ss} = \lim\limits_{t \to \infty} e(t) = \lim\limits_{s \to 0} sE(s) = \lim\limits_{s \to 0} s\dfrac{1}{1+G(s)}R(s)$

③ 시스템의 형 : $G(s)H(s) = k\dfrac{s^j(s+Z_1)(s+Z_2)\cdots(s+Z_{n-a})}{s^\ell(s+P_1)(s+P_2)\cdots(s+P_{n-b})}$

　$\ell - j = 0 \to$ 0형 제어계
　$\ell - j = 1 \to$ 1형 제어계
　$\ell - j = 2 \to$ 2형 제어계

④ 정상상태 오차

제어계	편차 상수 K_p, K_v, K_a	정상 위치 편차 (계단 입력)	정상 속도 편차 (램프 입력)	정상 가속도 편차 (포물선 입력)
0형	K　0　0	$e_{ss} = \dfrac{R}{1+K_p}$	$e_{ss} = \infty$	$e_{ss} = \infty$
1형	∞　K　0	$e_{ss} = 0$	$e_{ss} = \dfrac{R}{K_v}$	$e_{ss} = \infty$
2형	∞　∞　K	$e_{ss} = 0$	$e_{ss} = 0$	$e_{ss} = \dfrac{R}{K_a}$
3형	∞　∞　∞	$e_{ss} = 0$	$e_{ss} = 0$	$e_{ss} = 0$

- 정상위치편차 상수 : $K_p = \lim\limits_{s \to 0} G(s)$
- 정상속도편차 상수 : $K_v = \lim\limits_{s \to 0} sG(s)$
- 정상가속도편차 상수 : $K_a = \lim\limits_{s \to 0} s^2 G(s)$

2. 감도

시스템을 구성하는 한 요소의 특성 변화가 전체 시스템의 특성 변화에 미치는 영향의 정도

$S_K^T = \dfrac{K}{T}\dfrac{dT}{dK}$ (여기서, $T = \dfrac{C(s)}{R(s)}$)

CHAPTER 06 필수 기출문제

꼭! 나오는 문제만 간추린

01 $G(s)H(s) = \dfrac{K}{Ts+1}$ 일 때 이 계통은 어떤 형인가?

① 0형 ② 1형
③ 2형 ④ 3형

해설 시스템의 형(Type)

$$G(s)H(s) = k\dfrac{s^n(s+Z_1)(s+Z_2)\cdots(s+Z_{n-a})}{s^\ell(s+P_1)(s+P_2)\cdots(s+P_{n-b})}$$

$G(s)H(s) = k\dfrac{s^n}{s^\ell}$ $\ell-n=0 \to$ 0형 제어계
$\ell-n=1 \to$ 1형 제어계
$\ell-n=2 \to$ 2형 제어계이며

$G(s)H(s) = \dfrac{K}{Ts+1}$ 이므로 따라서 0형 제어계

【답】①

02 ★★★★★ 단위 피드백 제어계에서 개루프 전달 함수 $G(s)$가 다음과 같이 주어지는 계의 단위 계단 입력에 대한 정상 편차는?

$$G(s) = \dfrac{10}{(s+1)(s+2)}$$

① $\dfrac{1}{3}$ ② $\dfrac{1}{4}$ ③ $\dfrac{1}{5}$ ④ $\dfrac{1}{6}$

해설 위치 편차 상수 $K_p = \lim_{s \to 0} G(s)$에서 $K_p = \lim_{s \to 0} \dfrac{10}{(s+1)(s+2)} = 5$

따라서 정상상태오차 $e_{ss} = \dfrac{R}{1+K_p}$ 여기서, 단위 계단 입력이므로 $R=1$
$= \dfrac{1}{1+5} = \dfrac{1}{6}$

【답】④

03 단일 궤환 제어계의 개루프 전달 함수가 다음과 같을 때 $r(t) = 5u(t)$에 대한 정상 상태 오차 e_{ss}는?

$$G(s) = \dfrac{2}{s+1}$$

① $\dfrac{1}{3}$ ② $\dfrac{2}{3}$ ③ $\dfrac{4}{3}$ ④ $\dfrac{5}{3}$

해설 위치 편차 상수 $K_p = \lim_{s \to 0} G(s)$에서 $K_p = \lim_{s \to 0} \frac{2}{s+1} = 2$

여기서, 계단입력이므로 $r(t) = 5u(t)$에서 $R(s) = \frac{5}{s}$, $R = 5$

따라서 정상상태오차 $e_{ss} = \frac{R}{1+K_p} = \frac{5}{1+2} = \frac{5}{3}$

【답】④

04 개루프 전달 함수 $G(s)$가 다음과 같이 주어지는 계가 있다. 단위 속도 입력이 주어졌을 때 정상 속도 편차가 0.05가 되기 위해서는 K의 값을 얼마로 할 것인가?

$$G(s) = \frac{5K(1+Ts)}{s(1+s)(1+2s)}$$

① 2 ② 4
③ 6 ④ 8

해설 속도 편차 상수 $K_v = \lim_{s \to 0} sG(s)$에서

$K_v = \lim_{s \to 0} sG(s) = \lim_{s \to 0} s \cdot \frac{5K(1+Ts)}{s(1+s)(1+2s)} = 5K$

따라서 $K_v = 5K$

정상상태오차 $e_{ss} = \frac{1}{K_v} = 0.05$이므로

$\frac{1}{5K} = 0.05$ ∴ $K = 4$

【답】②

05 일순 전달 함수가 $G_0(s) = \frac{K}{s(s+5)(s+20)}$로 주어졌을 때 속도 편차 정수 K_v는 $K_v = \lim_{s \to 0} sG_0(s)$로 구할 수 있다. 지금 $K_v = 3$이 되는 이득 K를 구하면?

① $K = 200$ ② $K = 300$
③ $K = 400$ ④ $K = 450$

해설 속도 편차 상수 $K_v = \lim_{s \to 0} sG(s)$에서

$K_v = \lim_{s \to 0} s \frac{K}{s(s+5)(s+20)} = 3$

따라서 $K_v = \frac{K}{100} = 3$에서 $K = 300$이 된다.

【답】②

06 그림과 같은 폐루프 전달 함수 $T = \frac{C}{R}$에서 H에 대한 감도 S_H^T는?

① $\frac{GH}{1+GH}$ ② $\frac{-GH}{1+GH}$
③ $\frac{GH}{(1-GH)^2}$ ④ $\frac{-GH}{(1+GH)^2}$

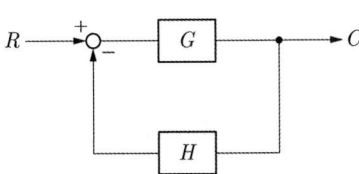

해설 감도(Sensitivity) : 시스템의 한 매개변수가 전체 시스템에 미치는 영향
$$S_K^T = \frac{K}{T} \cdot \frac{dT}{dK}$$
여기서, $T = \frac{G}{1+GH}$
$$S_H^T = \frac{H}{T} \cdot \frac{dT}{dH} = \frac{H}{\frac{G}{1+GH}} \cdot \frac{d}{dH}\left(\frac{G}{1+GH}\right)$$
$$= \frac{H(1+GH)}{G} \cdot \frac{-G(G)}{(1+GH)^2} = \frac{-GH}{1+GH}$$

【답】②

07 ★★★★★ 다음 그림의 보안 계통에서 입력 변환기 K_1에 대한 계통의 전달 함수 T의 감도는 얼마인가?

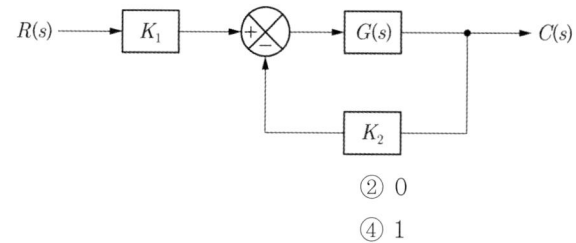

① -1
② 0
③ 0.5
④ 1

해설 감도(Sensitivity) : 시스템의 한 개의 파라미터가 전체 시스템에 미치는 영향
$$S_{K1}^T = \frac{K}{T}\frac{dT}{dK}$$

- 전체 시스템 $T = \frac{C(s)}{R(s)} = \frac{GK_1}{1+GK_2}$

$$\therefore S_{K1}^T = \frac{K_1}{T} \cdot \frac{dT}{dK_1} = \frac{K_1}{\frac{K_1 G}{1+GK_2}} \cdot \frac{d}{dK_1}\left(\frac{GK_1}{1+GK_2}\right)$$
$$= \frac{1+GK_2}{G} \cdot \frac{G}{1+GK_2} = 1$$

【답】④

CHAPTER 07 주파수응답

주파수 응답(Frequency Response) · 벡터 궤적(Vector diagram) · 보드 선도(Bode diagram) · 주파수 응답
· 2차 시스템에서의 공진정점과 공진주파수

주파수 응답(Frequency Response)

제어 시스템에서의 주파수응답은 시스템의 입력을 주파수함수(주로 sin함수)를 인가하였을 때의 응답(출력)을 나타내는 것으로 주파수 응답의 종류에는 벡터궤적(간략화 나이퀴스트), 보드선도, 나이퀴스트선도, 니콜스 선도 등이 있으며 다음과 같다.

① 주파수 전달 함수

주파수 전달 함수는 라플라스 영역에서 구한 전달 함수 $G(s)$에 $s \rightarrow j\omega$ 대입하여 $G(s)$를 $G(j\omega)$로 변환한 것으로 이득(크기)와 위상을 가지는 전달 함수이다.

주파수 응답의 대부분은 이를 통하여 구하게 되므로 주파수 영역해석에서는 모든 전달 함수를 주파수 전달 함수로 변환해야 한다.

주파수 전달 함수는 그림과 같이 실수부와 허수부를 가지는 복소수의 형태이므로 크기(이득)와 위상을 구할 수 있으며 다음과 같다.

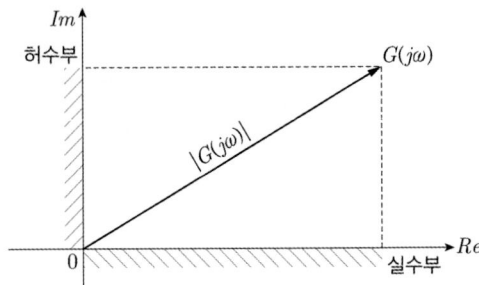

① 크기(이득) : 주파수 전달 함수의 크기

$$g = |G(j\omega)| = \sqrt{(Re)^2 + (Im)^2} = \sqrt{(실수부)^2 + (허수부)^2}$$

② 위상(phase) : 주파수 전달 함수의 위상

$$\theta = \angle G(j\omega) = \tan^{-1}\frac{Im}{Re} = \tan^{-1}\frac{허수부}{실수부}$$

1차 지연 요소를 예를 들면 다음과 같다.

전달 함수 $G(s) = \dfrac{1}{1+sT}$ 에서

주파수 전달 함수는 $G(j\omega) = \dfrac{1}{1+j\omega T}$ 이며

따라서 크기는 $|G(j\omega)| = \dfrac{1}{\sqrt{1+(\omega T)^2}}$

위상은 $\angle G(j\omega) = -\tan \omega T$

$\therefore G(j\omega) = \dfrac{1}{\sqrt{1+(\omega T)^2}} \angle -\tan^{-1}\omega T$

벡터 궤적(Vector diagram)

벡터 궤적은 주파수 전달 함수 $G(j\omega)$의 각주파수 ω를 $0 \sim \infty$ 까지 변화시키면서 그린 궤적으로 주파수의 변화에 따른 크기 $|G(j\omega)|$와 위상 $\angle G(j\omega)$의 변화를 동시에 도시하는 궤적으로 간략화 나이퀴스트 궤적이라 한다.

각 제어 요소들의 벡터 궤적은 다음과 같다.

1 비례요소

비례요소의 벡터 궤적은 다음과 같다.

전달 함수 $G(s) = K$에서

주파수 전달 함수는 $G(j\omega) = K$이며

크기는 $|G(j\omega)| = K$

위상은 $\angle G(j\omega) = 0°$

따라서 각주파수 ω를 $0 \sim \infty$ 까지 변화시키면

① $\omega \to 0$ $K \angle 0°$

② $\omega \to \infty$ $K \angle 0°$

이를 궤적으로 나타내면 다음과 같이 K의 위치에 하나의 점의 형태로 나타난다.

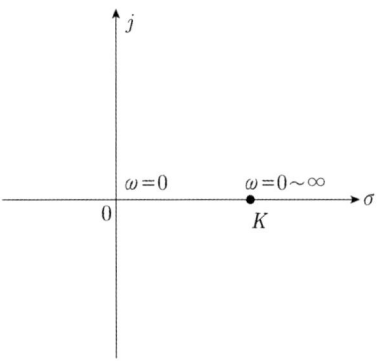

2 미분요소

미분요소의 벡터 궤적은 다음과 같다.

전달 함수 $G(s) = s$에서

주파수 전달 함수는 $G(j\omega) = j\omega$이며

크기는 $|G(j\omega)| = \omega$

위상은 $\angle G(j\omega) = 90°$

따라서 각주파수 ω를 $0 \sim \infty$ 까지 변화시키면

① $\omega \to 0$ $0 \angle 90°$

② $\omega \to \infty$ $\infty \angle 90°$

이를 궤적으로 나타내면 다음과 같이 크기는 0 ~ ∞ 까지 변화되지만 위상은 언제나 90°를 나타낸다.

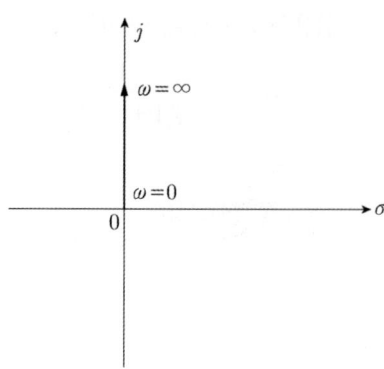

③ 적분요소

적분요소의 벡터궤적은 다음과 같다.

전달 함수 $G(s) = \dfrac{1}{s}$ 에서

주파수 전달 함수는 $G(j\omega) = \dfrac{1}{j\omega} = -j\dfrac{1}{\omega}$ 이며

크기는 $|G(j\omega)| = \dfrac{1}{\omega}$

위상은 $\angle G(j\omega) = -90°$

따라서 각주파수 ω를 0 ~ ∞ 까지 변화시키면
① $\omega \to 0 \quad \infty \angle -90°$
② $\omega \to \infty \quad 0 \angle -90°$

이를 궤적으로 나타내면 다음과 같이 크기는 0 ~ ∞ 까지 변화되지만 위상은 언제나 -90°를 나타낸다.

④ 1차 지연 요소

1차 지연요소의 벡터궤적은 다음과 같다.

전달 함수 $G(s) = \dfrac{1}{1+sT}$ 에서

주파수 전달 함수는 $G(j\omega) = \dfrac{1}{1+j\omega T}$ 이며

크기는 $|G(j\omega)| = \dfrac{1}{\sqrt{1+(\omega T)^2}}$

위상은 $\angle G(j\omega) = -\tan \omega T$

$\therefore G(j\omega) = \dfrac{1}{\sqrt{1+(\omega T)^2}} \angle -\tan^{-1} \omega T$

따라서 각주파수 ω를 0 ~ ∞ 까지 변화시키면

① $\displaystyle\lim_{\omega T \to 0} G(j\omega) = 1 \angle 0°$

② $\displaystyle\lim_{\omega T \to 1} G(j\omega) = \dfrac{1}{\sqrt{2}} \angle -45°$

③ $\lim_{\omega T \to \infty} G(j\omega) = 0 \angle -90°$

이를 궤적으로 나타내면 다음과 같이 크기는 1~0까지 변화되지만 위상은 0°~-90°로 변화된다.

따라서 1차 지연요소의 벡터 궤적은 4상한의 반원의 형태를 가지게 된다.

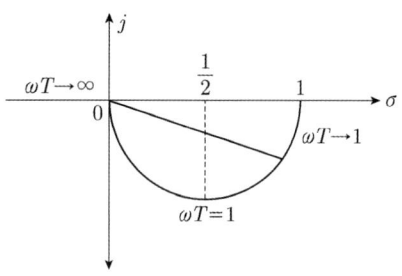

5 2차 지연 요소

2차 지연요소의 벡터 궤적은 다음과 같다.

전달 함수 $G(s) = \dfrac{\omega_n^2}{s^2 + 2\zeta\omega_n s + \omega_n^2}$ 에서

주파수 전달 함수는 $G(j\omega) = \dfrac{\omega_n^2}{-\omega^2 + j2\zeta\omega_n\omega + \omega_n^2}$ 이며

여기서, ω_n으로 분모분자를 나누면

$G(j\omega) = \dfrac{\omega_n^2}{-\omega^2 + j2\zeta\omega_n\omega + \omega_n^2} = \dfrac{1}{1 - (\dfrac{\omega}{\omega_n})^2 + j2\zeta\dfrac{\omega}{\omega_n}}$

여기서, $\dfrac{\omega}{\omega_n} = \lambda$ 라 하면 (λ도 ω의 함수이므로)

$G(\lambda) = \dfrac{1}{1 - \lambda^2 + j2\zeta\lambda}$ 이므로

크기는 $|G(\lambda)| = \dfrac{1}{\sqrt{(1-\lambda^2)^2 + (2\zeta\lambda)^2}}$

위상은 $\angle G(\lambda) = -\tan^{-1}\dfrac{2\zeta\lambda}{1-\lambda^2}$

$\therefore G(\lambda) = \dfrac{1}{(1-\lambda^2)^2 + (2\zeta\lambda)^2} \angle -\tan^{-1}\dfrac{2\zeta\lambda}{1-\lambda^2}$

따라서 각주파수 ω (즉, λ)를 0~∞까지 변화시키면

① $\lim_{\lambda \to 0} G(\lambda) = 1 \angle 0°$

② $\lim_{\lambda \to 1} G(\lambda) = \dfrac{1}{2\zeta} \angle -90°$

③ $\lim_{\lambda \to \infty} G(\lambda) = 0 \angle -180°$

이를 궤적으로 나타내면 다음과 같이 크기는 1~0까지 변화되지만 위상은 0°~-180°로 변화된다.

따라서 2차 지연요소의 벡터궤적은 2개의 상한을 지나는 형태를 가지게 된다.

또한, ζ가 적을수록 궤적은 점점 커지고 ζ가 클수록 궤적은 점점 작아진다.

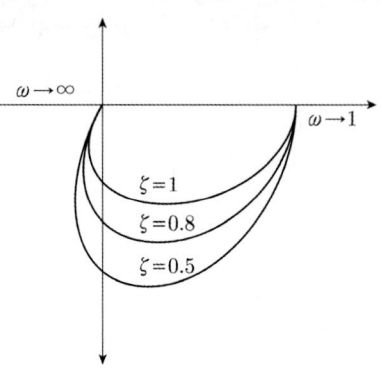

6 부동작 시간 요소

부동작 시간 요소의 벡터궤적은 다음과 같다.

전달 함수 $G(s) = e^{-Ts}$에서

주파수 전달 함수는 $G(j\omega) = e^{-j\omega T}$이며

크기는 $|G(j\omega)| = 1$

위상은 $\angle G(j\omega) = -\omega T$

$\therefore G(j\omega) = 1 \angle \omega T$

따라서 각주파수 ω를 $0 \sim \infty$까지 변화시키면

① $\lim_{\omega T \to 0} G(j\omega) = 1 \angle 0°$

② $\lim_{\omega T \to \frac{\pi}{2}} G(j\omega) = 1 \angle -\frac{\pi}{2}$

③ $\lim_{\omega T \to \pi} G(j\omega) = 1 \angle -\pi$

④ $\lim_{\omega T \to -\frac{3}{2}\pi} G(j\omega) = 1 \angle -\frac{3}{2}\pi$

이를 궤적으로 나타내면 다음과 같이 크기는 1로 일정하지만 위상은 0°~-90°→-180°→-270°→360°(0°)로 변화된다.

따라서 부동작 시간 요소의 벡터궤적은 크기가 같은 원의 형태를 가지게 된다.

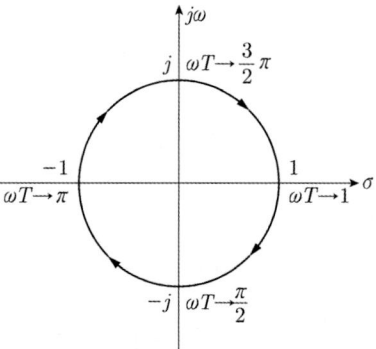

이러한 벡터궤적은 그리기 어려우므로 쉽게 벡터궤적을 그릴 수 있는 방법을 제시하면 다음과 같다.
벡터궤적을 쉽게 그리는 방법
① 미분요소 : 90°
② 적분요소 : -90°
③ 1차 지연요소 : 0 ~ -90°

예 0°에서 시작하여 -90°에서 종착하는 궤적 : 1차 지연요소

$$G(s) = \frac{1}{Ts+1}$$

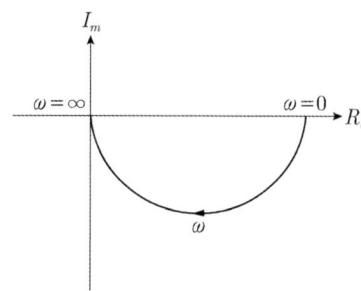

예 0°에서 시작하여 -180°에서 종착하는 궤적 : 2차 지연요소

$$G(s) = \frac{1}{(T_1s+1)(T_2s+1)}$$

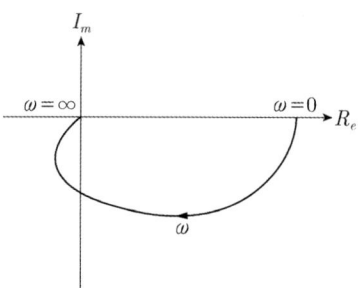

예 -90°에서 시작하여 -180°에서 종착하는 궤적 : 1차 지연요소+적분기

$$G(s) = \frac{1}{s(Ts+1)}$$

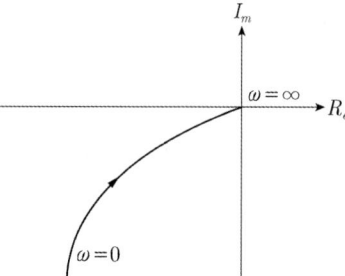

예 -90°에서 시작하여 -270°에서 종착하는 궤적 : 2차 지연요소+적분기

$$G(s) = \frac{1}{s(T_1s+1)(T_2s+1)}$$

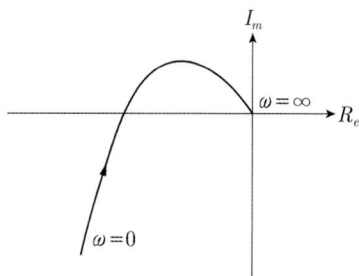

보드 선도(Bode diagram)

보드선도는 루프 전달 함수 $G(s)H(s)$의 크기와 위상을 대수적 눈금에 의해 도시하여 안정도를 판별하며 $G(s)H(s)$가 s평면의 우반면에 극과 영점을 갖지 않을 경우에만 사용할 수 있다. 보드선도의 장점은 다음과 같다.

- Nyquist 판별법과 마찬가지로, 안정성을 직접 판별하고, 시스템이 어느 정도 안정한가 또는 안정을 개선하는 방법을 제시한다.
- 안정도 판별의 기준이 되는 이득여유와 위상여유를 쉽게 구할 수 있다.

1 보드선도의 작성법

보드선도는 주파수 전달 함수를 횡축에 ω를 대수눈금으로, 종축에 이득 $|G(j\omega)|$를 [dB] 값인 $20\log_{10}|G(j\omega)|$로 표시하는 이득곡선과 위상차 θ를(radian) 단위로써 표시한 위상곡선으로 그린 것이다.

따라서 보드선도는 ω에 대한 $G(j\omega)$의 크기 대 위상을 나타내는 곡선으로 다음과 같이 정의한다.

보드선도의 이득 $g = 20\log_{10}|G(j\omega)|\,[\text{dB}]$

보드선도의 위상 $\theta = \angle G(j\omega)$

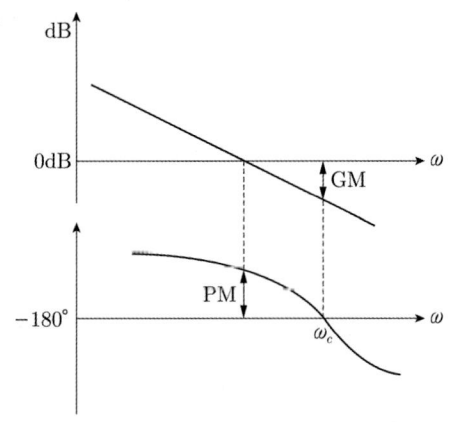

2 각 제어 요소들의 보드선도

각 제어 요소들의 보드선도는 다음과 같다.

① 비례요소

주파수 전달 함수는 $G(j\omega) = K$

크기는 $|G(j\omega)| = K$

위상은 $\angle G(j\omega) = 0°$ 이므로

보드선도에서의 이득과 위상은 다음과 같다.

이득 $g = 20\log_{10}K\,[\text{dB}]$

위상 $\theta = 0°$

② 미분요소

주파수 전달 함수는 $G(j\omega) = j\omega$

크기는 $|G(j\omega)| = \omega$

위상은 $\angle G(j\omega) = 90°$ 이므로

보드선도에서의 이득과 위상은 다음과 같다.

이득 $g = 20\log_{10}\omega\,[\mathrm{dB}]$

위상 $\theta = 90°$

따라서 보드선도를 그리면 다음과 같다.

- $\omega = 1 \quad g = 0\,[\mathrm{dB}] \quad \theta = 90°$
- $\omega = 10 \quad g = 20\,[\mathrm{dB}] \quad \theta = 90°$
- $\omega = 100 \quad g = 40\,[\mathrm{dB}] \quad \theta = 90°$

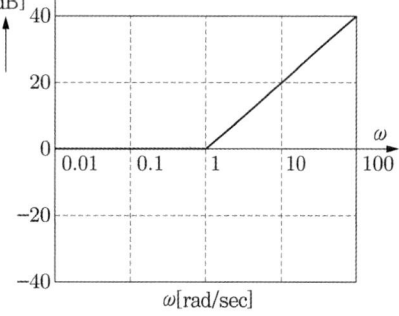

미분요소의 보드선도에서의 기울기는 $+20\,[\mathrm{dB/decade}]$ 즉, 대수눈금 당 $+20\,[\mathrm{dB}]$의 이득이 증가된다.

만약, 미분기가 2개 있는 시스템이라면

$G(j\omega) = (j\omega)^2$ 이며

이득 $g = 40\log_{10}\omega\,[\mathrm{dB}]$

위상 $\theta = 180°$

기울기 : $+40\,[\mathrm{dB/decade}]$

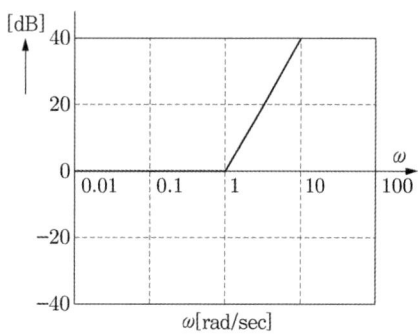

만약, 미분기가 3개 있는 시스템이라면

$G(j\omega) = (j\omega)^3$

이득 $g = 60\log_{10}\omega\,[\mathrm{dB}]$

위상 $\theta = 270°$

기울기 : $+60\,[\mathrm{dB/decade}]$

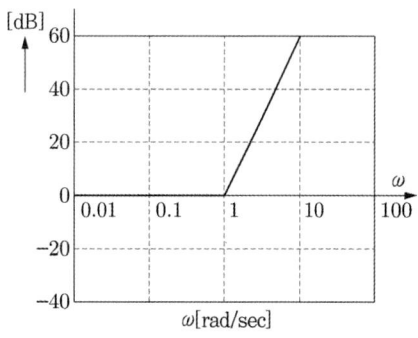

③ 적분요소

주파수 전달 함수는 $G(j\omega) = \dfrac{1}{j\omega}$

크기는 $|G(j\omega)| = \dfrac{1}{\omega}$

위상은 $\angle G(j\omega) = -90°$ 이므로

보드선도에서의 이득과 위상은 다음과 같다.

이득 $g = 20\log_{10}\dfrac{1}{\omega} = -20\log_{10}\omega\,[\mathrm{dB}]$

위상 $\theta = -90°$

따라서 보드선도를 그리면 다음과 같다.

- $\omega = 1$ $g = 0[\text{dB}]$ $\theta = -90°$
- $\omega = 10$ $g = -20[\text{dB}]$ $\theta = -90°$
- $\omega = 100$ $g = -40[\text{dB}]$ $\theta = -90°$

미분요소의 보드선도에서의 기울기는 -20 [dB/decade] 즉, 대수눈금 당 $-20[\text{dB}]$의 이득이 감소된다.

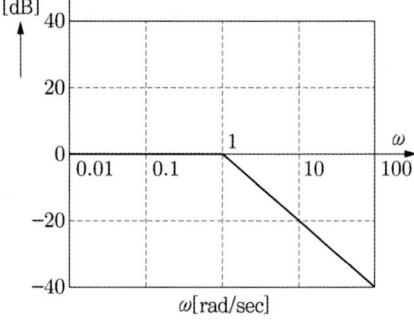

만약, 적분기가 2개 있는 시스템이라면

$$G(j\omega) = \frac{1}{(j\omega)^2}$$

이득 $g = -40\log_{10}\omega\,[\text{dB}]$

위상 $\theta = -180°$

기울기 : $-40[\text{dB/decade}]$

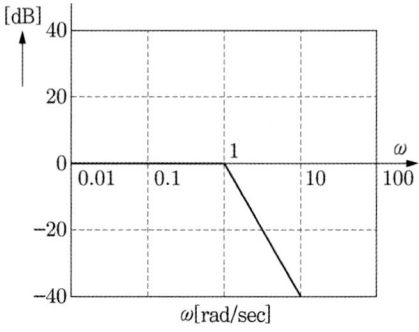

만약, 적분기가 3개 있는 시스템이라면

$$G(j\omega) = \frac{1}{(j\omega)^3}$$

이득 $g = -60\log_{10}\omega\,[\text{dB}]$

위상 $\theta = -270°$

기울기 : $-60[\text{dB/decade}]$

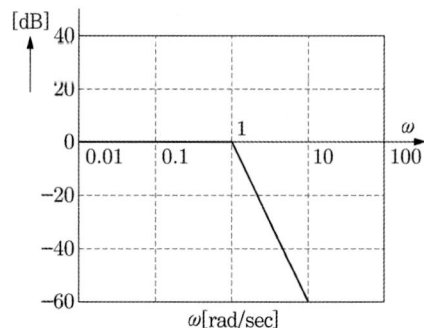

④ 1차 지연요소

주파수 전달 함수는 $G(j\omega) = \dfrac{1}{1 + j\omega T}$

크기는 $|G(j\omega)| = \dfrac{1}{\sqrt{1 + (\omega T)^2}}$

위상은 $\angle G(j\omega) = -\tan\omega T$

$\therefore\ G(j\omega) = \dfrac{1}{\sqrt{1 + (\omega T)^2}} \angle -\tan^{-1}\omega T$ 이므로

보드선도에서의 이득과 위상은 다음과 같다.

이득 $g = 20\log_{10}|G(j\omega)| = 20\log_{10}\dfrac{1}{\sqrt{1 + (\omega T)^2}} = -20\log_{10}\sqrt{1 + \omega^2 T^2}\,[\text{dB}]$

$\qquad = -10\log_{10}(1 + \omega^2 T^2)\,[\text{dB}]$

위상 $\angle G(j\omega) = -\tan^{-1}\omega T$

- $\omega T \ll 1$ $g = -10\log_{10}1 = 0\,[\text{dB}]$
  $$\theta = -\tan^{-1}\omega T = 0°$$
- $\omega T = 1$ $g = -10\log_{10}2 \fallingdotseq -3\,[\text{dB}]$
  $$\theta = -\tan^{-1}1 = -45°$$
- $\omega T = 10$ $g = -10\log_{10}(\omega T)^2 = -10\log_{10}10^2 = -20\,[\text{dB}]$
  $$\theta = -\tan^{-1}10 \fallingdotseq -84°$$
- $\omega T = 100$ $g = -10\log_{10}(\omega T)^2 = -10\log_{10}100^2 = -40\,[\text{dB}]$
  $$\theta = -\tan^{-1}100 \fallingdotseq -89°$$

⋮
⋮

따라서 보드선도를 그리면 다음과 같다.

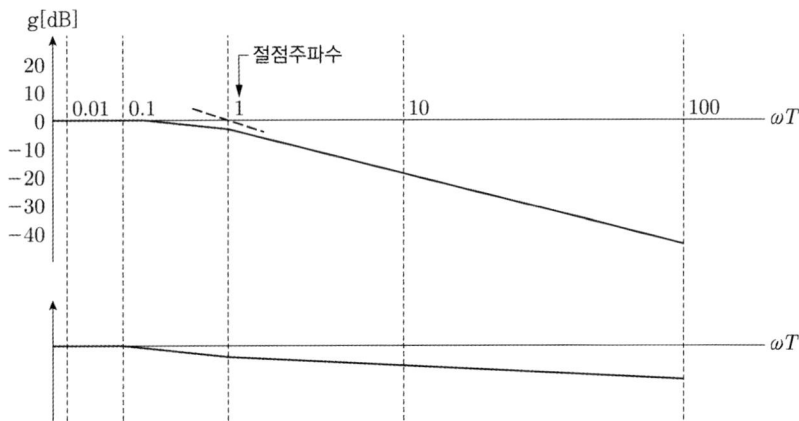

⑤ 2차 지연 요소

2차 지연요소의 주파수 전달 함수는

$$G(j\omega) = \frac{\omega_n^2}{-\omega^2 + j2\zeta\omega_n\omega + \omega_n^2}\ \text{이며}$$

여기서, ω_n으로 분모분자를 나누면

$$G(j\omega) = \frac{\omega_n^2}{-\omega^2 + j2\zeta\omega_n\omega + \omega_n^2} = \frac{1}{1-(\frac{\omega}{\omega_n})^2 + j2\zeta\frac{\omega}{\omega_n}}$$

여기서, $\frac{\omega}{\omega_n} = \lambda$ 라 하면(λ도 ω의 함수이므로)

$$G(\lambda) = \frac{1}{1-\lambda^2 + j2\zeta\lambda}\ \text{이므로}$$

크기는 $|G(\lambda)| = \dfrac{1}{\sqrt{(1-\lambda^2)^2 + (2\zeta\lambda)^2}}$

위상은 $\angle G(\lambda) = -\tan^{-1}\dfrac{2\zeta\lambda}{1-\lambda^2}$

$$\therefore G(\lambda) = \frac{1}{\sqrt{(1-\lambda^2)^2 + (2\zeta\lambda)^2}} \angle -\tan^{-1}\frac{2\zeta\lambda}{1-\lambda^2}$$

보드선도에서의 이득과 위상은 다음과 같다.

이득 $g = 20\log_{10}|G(j\omega)| = 20\log_{10}\frac{1}{\sqrt{(1-\lambda^2)^2 + (2\zeta\lambda)^2}}$ [dB]

위상 $\angle G(\lambda) = -\tan\frac{2\zeta\lambda}{1-\lambda^2}$

⑥ 부동작 시간요소의 주파수 전달 함수는 $G(j\omega) = e^{-j\omega T}$ 이며

크기는 $|G(j\omega)| = 1$

위상은 $\angle G(j\omega) = -\omega T$

$\therefore G(j\omega) = 1 \angle \omega T$

보드선도에서의 이득과 위상은 다음과 같다.

이득 $g = 20\log_{10}|G(j\omega)| = 20\log_{10}1 = 0$ [dB]

위상 $\angle G(j\omega) = -\omega T$

3 절점 주파수

보드선도에서의 절점주파수는 다음과 같은 의미를 가진다.

① 주파수 전달 함수의 실수부=허수부를 만족하는 주파수 ω를 절점주파수라 한다.

② 보드선도에서의 굴곡점을 나타낸다.

③ 이득이 -3[dB]에서의 주파수를 나타낸다.

$G(j\omega) = \dfrac{1}{1+j\omega T}$ 인 시스템에서의 절점주파수는 다음과 같이 계산한다.

주파수 전달 함수의 실수부=허수부를 만족하는 주파수 ω를 절점주파수라 하므로 $\omega T = 1$에서

절점주파수는 $\omega = \dfrac{1}{T}$ 가 된다.

주파수 응답

자동 제어계의 주파수 영역 내에서 성능을 설명하는 상수는 다음과 같은 것이 있다.

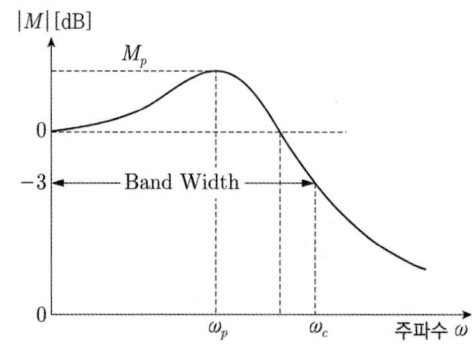

① **공진 정점(M_p)**

주파수 응답 시의 최댓값으로 정의하며 계의 안정도의 척도가 된다. 공진 정점(M_p)가 크면 응답 시 오버슈트가 커지며 따라서 제어 시스템 설계 시에는 보통 M_p의 값은 대략 1.1~1.5이다.

② **대역폭(Band Width)**

대역폭은 최댓값에서 크기가 0.707 될 때 또는 -3[dB]에서의 주파수로 정의한다. 대역폭이 넓으면 응답 속도가 빠르며 따라서 피드백 제어계에서는 개루프 시스템에 비해 대역폭이 넓게 된다.

③ **공진주파수(ω_p)**

공진 정점이 일어나는 주파수이며, 일반적으로 ω_p의 값이 높으면 주파수와 주기는 반비례하므로 주기는 작다.

④ **분리도**

분리도는 신호와 잡음(외란)을 분리하는 특성으로 분리도가 예리하면 공진 정점이 발생하기 쉬우므로 시스템은 불안정하기가 쉽다.

2차 시스템에서의 공진정점과 공진주파수

2차 시스템의 전달 함수는 $M(s) = \dfrac{C(s)}{R(s)} = \dfrac{\omega_n^2}{s^2 + 2\zeta\omega_n s + \omega_n^2}$

주파수 전달 함수는 $M(j\omega) = \dfrac{C(j\omega)}{R(j\omega)} = \dfrac{1}{1 + j2\zeta\dfrac{\omega}{\omega_n} - \left(\dfrac{\omega}{\omega_n}\right)^2}$

$u = \dfrac{\omega}{\omega_n}$ 라 놓으면

크기 : $|M(j\omega)| = \dfrac{1}{\left[(1-u^2)^2 + (2\delta u)^2\right]^{1/2}}$

위상 : $\phi_m = -\tan^{-1}\dfrac{2\delta u}{1-u^2}$

공진 주파수 ω_r는 주파수 전달 함수의 크기가 최대일 때이므로 최대조건 $\dfrac{dM}{du} = 0$에서

$\dfrac{dM}{du} = -\dfrac{1}{2}(u^4 - 2u^2 + 1 + 4\zeta^2 u^2)^{-3/2}(4u^3 - 4u + 8u\zeta^2) = 0$

위 식에서 $4u^3 - 4u + 8u\zeta^2 = 0$이므로

$u_r = \sqrt{1 - 2\delta^2} = \dfrac{\omega_r}{\omega_n}$ 따라서 공진 주파수는 $\omega_r = \omega_n\sqrt{1 - 2\zeta^2}$

또한, 공진 정점 M_p는 다음과 같다.

$M_p = \dfrac{1}{\{[1-(1-2\delta^2)]^2 + 4\delta^2(1-2\delta^2)\}^{1/2}} = \dfrac{1}{2\delta\sqrt{1-\delta^2}}$

이론 요약

1. 주파수 응답에 필요한 입력 : 정현파 입력

2. 주파수 전달함수 : $G(s) \rightarrow G(j\omega)$
① 주파수 전달함수 크기 : $|G(j\omega)|$
② 주파수 전달함수의 위상 : $\theta = \angle G(j\omega)$

3. 벡터궤적
주파수 전달함수의 ω가 0~∞까지 변화하였을 때의 $G(j\omega)$의 크기와 위상각의 변화를 극좌표에 그린 궤적

		크기/위상	
비례 요소 $G(s)=K$	$G(j\omega)=K$	크기	$\|G(j\omega)\|=K$
		위상	$\theta=0°$
미분 요소 $G(s)=S$	$G(j\omega)=j\omega$	크기	$\|G(j\omega)\|=\omega$
		위상	$\theta=90°$
적분 요소 $G(s)=\dfrac{1}{s}$	$G(j\omega)=-j\dfrac{1}{\omega}$	크기	$\|G(j\omega)\|=\dfrac{1}{\omega}$
		위상	$\theta=-90°$
1차 지연 요소 $G(s)=\dfrac{1}{1+sT}$	$G(j\omega)=\dfrac{1}{1+j\omega T}$	크기	$\|G(j\omega)\|=\dfrac{1}{\sqrt{1+(\omega T)^2}}$
		위상	$\theta=-\tan^{-1}\omega T$
2차 지연 요소 $G(s)=\dfrac{\omega_n^2}{s^2+2\zeta\omega_n s+\omega_n^2}$	$G(j\omega)=\dfrac{\omega_n^2}{-\omega^2+j2\zeta\omega_n\omega+\omega_n^2}$	크기	$\|G(j\omega)\|=\dfrac{1}{\sqrt{(1-\lambda^2)^2+(2\zeta\lambda)^2}}$
		위상	$\theta=-\tan^{-1}\dfrac{2\zeta\lambda}{1-\lambda^2}$
부동작 시간 요소 $G(s)=e^{-\tau s}$	$G(j\omega)=e^{-j\omega\tau}$	크기	$\|G(j\omega)\|=1$
		위상	$\theta=-\tan^{-1}\dfrac{\sin\omega\tau}{\cos\omega\tau}=-\omega\tau$

※ 벡터궤적을 쉽게 그리는 방법
- 미분요소 : $90°$
- 적분요소 : $-90°$
- 1차 지연요소 : $0° \sim -90°$

4. 보드선도
① 이득 : $g = 20\log_{10}|G(j\omega)|$[dB]
② 위상선도 : $\theta = \angle G(j\omega)$[°]

비례 요소 $G(s) = K$	크기	$g = 20 \log_{10} K \, [\text{dB}]$
	위상	$\theta = 0°$
미분 요소 $G(s) = s$	크기	$g = 20 \log_{10} \omega \, [\text{dB}]$
	위상	$\theta = 90°$
	기울기	$+20 \, [\text{dB/decade}]$
적분 요소 $G(s) = \dfrac{1}{s}$	크기	$g = -20 \log_{10} \omega \, [\text{dB}]$
	위상	$\theta = -90°$
	기울기	$-20 \, [\text{dB/decade}]$
1차 지연 요소 $G(s) = \dfrac{1}{1+sT}$	크기	$g = 20 \log_{10} \dfrac{1}{\sqrt{1+(\omega T)^2}} \, [\text{dB}]$
	위상	$\theta = -\tan^{-1} \omega T$

③ 절점 주파수
- 주파수 전달함수의 실수부=허수부를 만족하는 주파수 ω
- 보드선도에서의 굴곡점
- 이득이 -3[dB]에서의 주파수

④ 고유주파수 : 보드선도에서 이득곡선의 두 점근선이 만나는 주파수

CHAPTER 07 필수 기출문제

꼭! 나오는 문제만 간추린

01 ★★★★★ 전달 함수 $G(j\omega) = \dfrac{1}{1+j\omega T}$ 의 크기와 위상각을 구한 값은? 단, $T > 0$ 이다.

① $G(j\omega) = \dfrac{1}{\sqrt{1+\omega^2 T^2}} \angle -\tan^{-1}\omega T$
② $G(j\omega) = \dfrac{1}{\sqrt{1-\omega^2 T^2}} \angle -\tan^{-1}\omega T$
③ $G(j\omega) = \dfrac{1}{\sqrt{1+\omega^2 T^2}} \angle \tan^{-1}\omega T$
④ $G(j\omega) = \dfrac{1}{\sqrt{1-\omega^2 T^2}} \angle \tan^{-1}\omega T$

해설 전달 함수 $G(j\omega) = \dfrac{1}{1+j\omega T}$

크기 : $|G(j\omega)| = \left|\dfrac{1}{1+j\omega T}\right| = \dfrac{1}{\sqrt{1+(\omega T)^2}}$ 위상각 : $\theta = -\tan^{-1}\dfrac{\omega T}{1} = -\tan^{-1}\omega T$

【답】①

02 전달 함수 $G(s) = \dfrac{20}{3+2s}$ 을 갖는 요소가 있다. 이 요소에 $\omega = 2$인 정현파를 주었을 때 $|G(j\omega)|$를 구하면?

① $|G(j\omega)| = 8$
② $|G(j\omega)| = 6$
③ $|G(j\omega)| = 2$
④ $|G(j\omega)| = 4$

해설 주파수 전달 함수 $G(j\omega) = \dfrac{20}{3+2j\omega}$

여기서, $\omega = 2$이므로 $G(j\omega) = \dfrac{20}{3+j4}$

따라서 주파수 전달 함수의 크기 $|G(j\omega)| = \dfrac{20}{\sqrt{3^2+4^2}} = 4$

【답】④

03 ★★★★★ $G(j\omega) = j0.1\omega$ 에서 $\omega = 0.01$[rad/s]일 때, 계의 이득[dB]은 얼마인가?

① -100
② -80
③ -60
④ -40

해설 이득 $g = 20\log_{10}|G(j\omega)| = 20\log_{10}|j0.01\omega| = 20\log_{10}|j0.001|$
$= 20\log_{10}10^{-3} = -60$[dB]

【답】③

04 $G(s) = \dfrac{1}{1+10s}$ 인 1차 지연 요소의 G[dB]는? 단, $\omega = 0.1$[rad/sec]이다.

① 약 3
② 약 -3
③ 약 10
④ 약 20

해설

$G(s) = \dfrac{1}{1+10s}$ 에서 주파수 전달 함수 $G(j\omega) = \dfrac{1}{1+j10\omega}$ 이며

$\omega = 0.1$이라면 $G(j\omega) = \dfrac{1}{1+j10\times 0.1} = \dfrac{1}{1+j}$

크기 $|G(j\omega)| = \left|\dfrac{1}{1+j}\right| = \dfrac{1}{\sqrt{1^2+1^2}} = \dfrac{1}{\sqrt{2}}$

따라서 이득은 $g = 20\log|G(j\omega)| = 20\log\dfrac{1}{\sqrt{2}} \fallingdotseq -3\,[\text{dB}]$

【답】②

---

05 $T(s) = \dfrac{1}{s(s+10)}$ 인 선형 제어계에서 $\omega = 0.1$일 때 주파수 전달 함수의 이득[dB]은?

① -20 ② 0
③ 20   ④ 40

해설 이득 $g = 20\log_{10}|G(j\omega)|\,[\text{dB}]$이므로

$g = 20\log_{10}|G(j\omega)| = 20\log_{10}\left|\dfrac{1}{j\omega(j\omega+10)}\right| = 20\log\dfrac{1}{\omega\sqrt{\omega^2+10^2}}$

$= 20\log_{10}\dfrac{1}{0.1\sqrt{0.1^2+10^2}} \fallingdotseq 20\log_{10} 1 = 0\,[\text{dB}]$

【답】②

---

06 ★★★★★ 주파수 전달 함수 $G(j\omega) = \dfrac{1}{j100\omega}$ 인 계에서 $\omega = 0.1\,[\text{rad/sec}]$일 때의 이득[dB]과 위상각 $\theta\,[\text{deg}]$는 얼마인가?

① $-20[\text{dB}],\ -90°$ ② $-40[\text{dB}],\ -90°$
③ $20[\text{dB}],\ -90°$ ④ $40[\text{dB}],\ -90°$

해설 이득 $g = 20\log|G(j\omega)| = 20\log\left|\dfrac{1}{j100\omega}\right|$ 에서 $\omega = 0.1$을 적용하면

$= 20\log\left|\dfrac{1}{j10}\right| = 20\log\dfrac{1}{10} = -20\,[\text{dB}]$

$\theta = \angle G(j\omega) = \angle \dfrac{1}{j100\omega} = \angle \dfrac{1}{j10} = -90°$

【답】①

---

07 벡터 궤적이 그림과 같이 표시되는 요소는?

① 비례 요소
② 1차 지연 요소
③ 부동작 시간 요소
④ 2차 지연 요소

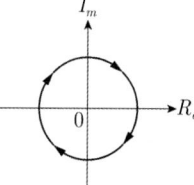

해설 부동작 시간 요소의 전달 함수 : $G(s) = e^{-Ts}$ 여기서, T는 부동작 시간(Dead-Time)

$G(j\omega) = e^{-j\omega T} = \cos\omega T - j\sin\omega T$

$|G(j\omega)| = \sqrt{(\cos\omega T)^2 + (\sin\omega T)^2} = 1$

$\angle G(j\omega) = \tan^{-1}\left(\dfrac{\sin\omega T}{\cos\omega T}\right) = -\omega T$

따라서 $\omega = 0 \sim \infty$까지 변화시키면 벡터 궤적 $G(j\omega)$는 원주 상을 시계방향으로 회전한다.

【답】③

08 1차 지연요소 $G(s) = \dfrac{1}{1+Ts}$ 인 제어계의 절점주파수에서 이득은?

① 약 -1[dB]　　　　　　　　② 약 -2[dB]
③ 약 -3[dB]　　　　　　　　④ 약 -4[dB]

해설 절점주파수 : 이득이 -3[dB] 되는 주파수
　　　　　　　　보드선도의 굴곡점
　　　　　　　　주파수 전달 함수의 실수부 = 허수부 되는 주파수

【답】③

---

09 $G(s) = \dfrac{1}{1+5s}$ 일 때 절점에서 절점주파수 ω_0를 구하면?

① 0.1[rad/s]　　　　　　　　② 0.5[rad/s]
③ 0.2[rad/s]　　　　　　　　④ 5[rad/s]

해설 절점주파수
- 이득이 -3[dB] 되는 주파수
- 보드 선도의 굴곡점
- 주파수 전달 함수의 실수부=허수부 되는 주파수

$G(s) = \dfrac{1}{1+5s}$ 에서 주파수 전달 함수 $G(j\omega) = \dfrac{1}{1+j5\omega}$ 에서

따라서 절점주파수는 $5\omega = 1$, $\omega = \dfrac{1}{5} = 0.2 [\text{rad/sec}]$

【답】③

---

10 $G(s) = s$ 의 보드 선도는?

① +20[dB/dec]의 경사를 가지며 위상각 $90°$
② -20[dB/dec]의 경사를 가지며 위상각 $-90°$
③ 40[dB/dec]의 경사를 가지며 위상각 $180°$
④ -40[dB/dec]의 경사를 가지며 위상각 $-180°$

해설 미분요소

크기	$g = 20\log\omega [\text{dB}]$
위상	$\theta = 90°$

- 이득 $g = 20\log|G(j\omega)| = 20\log|j\omega| = 20\log\omega$
  $\omega = 1$ 일 때 $g = 20\log 1 = 0[\text{dB}]$
  $\omega = 10$ 일 때 $g = 20\log 10 = 20[\text{dB}]$
  $\omega = 100$ 일 때 $g = 20\log 100 = 40[\text{dB}]$
  따라서 +20[dB/decade]의 경사
- 위상각 θ는 $90°$

【답】①

---

11 $G(s) = K/S$ 인 적분 요소의 보드 선도에서 이득 곡선의 1[decade]당 기울기는?

① 10[dB]　　　　　　　　② 20[dB]
③ -10[dB]　　　　　　　　④ -20[dB]

해설 적분 요소

크기	$g = -20\log\omega [\text{dB}]$
위상	$\theta = -90°$

- 이득 $g = 20\log|G(j\omega)| = 20\log\left|\dfrac{K}{j\omega}\right| = -20\log K\omega = -20\log K - 20\log\omega$

  $\omega = 1$일 때 $g = -20\log K$[dB]
  $\omega = 10$일 때 $g = -20\log K - 20$[dB]
  $\omega = 100$일 때 $g = -20\log K - 40$[dB]
  따라서 -20[dB/decade]의 경사
- 위상각 θ는 $-90°$

【답】 ④

12 전달 함수 $G(s) = \dfrac{10}{(s+1)(s+2)}$으로 표시되는 제어 계통에서 직류 이득은 얼마인가?

① 1　　② 2　　③ 3　　④ 5

해설 전달 함수 $G(s) = \dfrac{10}{(s+1)(s+2)}$ 에서 직류 인가 시($s=0$)이므로 이득 $G = \dfrac{10}{2} = 5$

【답】 ④

13 벡터 궤적의 임계점($-1, j0$)에 대응하는 보드 선도상의 점은 이득이 A[dB], 위상이 B 되는 점이다. A, B에 알맞은 것은?

① $A = 0$ [dB], $B = -180°$　　② $A = 0$ [dB], $B = 0°$
③ $A = 1$ [dB], $B = 0°$　　④ $A = 1$ [dB], $B = 180°$

해설 보드 선도의 임계점은
$g = 20\log|G(j\omega)| = 20\log 1 = 0$[dB]
$\angle G(j\omega) = -180°$

【답】 ①

14 $G(s) = \dfrac{K}{s(s+1)}$의 벡터 궤적은?

①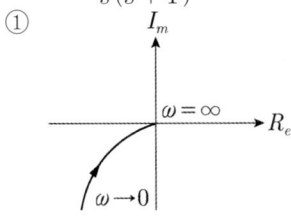
②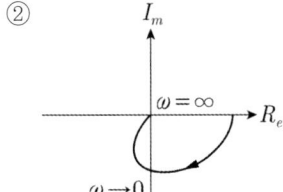
③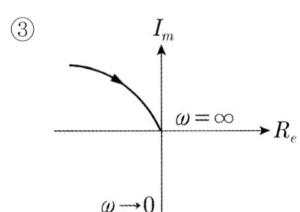
④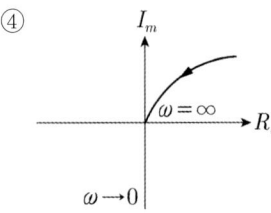

해설 주파수 전달 함수 $G(j\omega) = \dfrac{K}{j\omega(j\omega+1)}$ 인 경우는 1형 시스템이므로 $-90°$에서 시작하여 (분모차수-분자차수)=1이므로 한 개 사분면을 더 지나가게 되므로 $-180°$에서 종착하는 궤적이다.

【답】 ①

15 $G(j\omega) = K(j\omega)^2$인 보드 선도의 기울기는 몇 [dB/dec]인가?

① -40 ② -20
③ 20 ④ 40

해설 미분요소

$G(j\omega) = (j\omega)^2$에서

이득 $g = 40\log_{10}\omega$[dB]

위상 $\theta = 180°$

기울기 : $+40$[dB/decade]

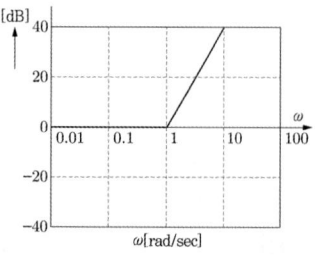

【답】 ④

CHAPTER 08 안정도

안정도(Stability) · 안정도 판별법

안정도(Stability)

제어 시스템의 설계에 사용되는 여러 형태의 동특성(dynamic characteristic)들 중에서 가장 중요한 요구조건은 시스템이 언제나 안정해야 된다는 것이다. 여기서 안정한 시스템은 유한 시스템 응답을 갖는 시스템으로 정의된다. 즉, 시스템이 유한 입력이나 외란에 종속되고, 그 응답이 크기에 있어 유한하다면 그 시스템은 안정하다고 한다.

제어 시스템의 해석과 설계 목적을 위해 절대안정도와 상대안정도의 두 가지로 분류한다. "절대안정도"는 시스템이 안정 혹은 불안정 상태, 즉 시스템이 안정(stable) 한가, 그렇지 않은가(unstable)에 대해서만 판단하는 것을 말하며, "상대안정도"는 안정상태에서도 얼마나 안정한가 하는 정도를 의미한다.

선형 시스템에 있어서 피드백 시스템이 안정하기 위한 필요충분조건은 시스템 전달 함수의 모든 극(pole)이 음의 실수부를 가져야 한다는 것이다.

안정도 판별에는 주로 Routh-hurwitz 판별법, 근궤적, 보드선도, 나이퀴스트 안정도 판별법을 사용한다.

1 절대안정도

시스템의 안정도를 단순히 안정, 임계, 불안정으로만 나타내는 것

극점의 위치에 따른 안정도

2 상대안정도

어떤 시스템이 안정하다고 할 때 안정의 정도를 나타낼 수 있는 안정도

보드선도, 나이퀴스트 선도

안정도 판별법

안정도 판별에는 여러 가지 방법이 있으며 그 중 가장 많이 사용되는 것은 특성방정식의 근 즉, 극점의 위치에 따른 방법이며 Routh-hurwitz판별법 등이 많이 사용되며 상대안정도를 구하기 위해서는 보드선도, 나이퀴스트 선도를 이용한다.

1 특성방정식의 근의 위치(극점의 위치)에 따른 안정도(절대안정도)

특성방정식의 근의 위치(극점의 위치)에 따른 안정 조건은 다음과 같다.

① 극점이 좌반면에 존재 : 안정

② 극점이 우반면에 존재 : 불안정
③ 극점이 허수축에 존재 : 임계

특성방정식의 근(극점)의 위치에 따른 안정도를 s 평면에 도시하면 다음과 같다.

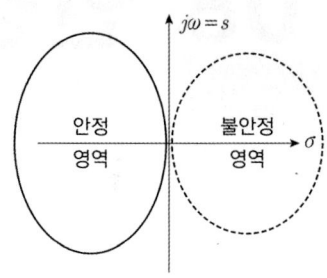

② 임펄스 응답에서의 안정도(절대안정도)

임펄스 응답에서의 안정도를 구하는 방법은 시간영역에서의 판별법으로 $t \rightarrow \infty$ 로 진행하면 0으로 수렴하는 특성을 가지는 시스템이 안정하다는 것이다.

① 안정조건 : $t \rightarrow \infty$ 0으로 수렴
② 불안정조건 : $t \rightarrow \infty$ ∞로 발산
③ 임계조건 : $t \rightarrow \infty$ 같은 값으로 진동(유지)

예) $c(t) = 1$ $\lim_{t \to \infty} 1 = 1$ 이므로 임계

$c(t) = \cos \omega t$ $\lim_{t \to \infty} \cos \omega t = \cos \omega t$ 으로 같은 값으로 진동하므로 임계

$c(t) = e^{-t} \sin \omega t$ $\lim_{t \to \infty} e^{-t} \sin \omega t = 0$ 이므로 안정

$c(t) = 2t$ $\lim_{t \to \infty} 2t = \infty$ 이므로 불안정

③ Routh-Hurwitz 안정도 판별법(절대안정도)

Routh-Hurwitz 판별법은 실제로 극점을 구하지 않고서 특성방정식의 계수를 이용하여 근의 위치를 결정함으로써 안정도를 판별하는 방법이다. 즉 선형 시불변 시스템의 절대 안정도에 대한 정보를 제공하는 대수적 방법이다. 이 판별법은 s 평면의 우반면 내에 특성방정식의 근이 존재하는지 여부를 검사한다. 허수축 상에 존재하는 근의 수와 s 평면의 우반면에 존재하는 근의 수를 알 수 있다. 따라서 불안정 근의 유무를 판별하는 것이다.

Routh-Hurwitz 판별법의 전제조건은 다음과 같으며 이 전제조건이 맞지 않으면 무조건 불안정한 시스템이 되며 전제조건이 성립하면 무조건 안정이 아니라 Routh- Hurwitz 판별법에 의해서 판별을 해야 한다는 것이다.

① Routh-Hurwitz 판별법의 전제조건
  • 특성방정식의 모든 계수의 부호가 같을 것
  • 특성방정식의 모든 차수가 존재할 것

예) $s^4 + 3s^2 + 10s + 10 = 0$: s^3항이 없으므로 무조건 불안정

$s^3 + s^2 - 5s + 10 = 0$: (-)계수가 있으므로 무조건 불안정

$s^3 + 2s^2 + 4s - 1 = 0$: (-)계수가 있으므로 무조건 불안정

② Routh의 안정도 판별법

Routh의 안정도 판별법은 다음과 같다.

특성방정식이 $a_0 s^3 + a_1 s^2 + a_2 s + a_3 = 0$ 일 때 다음과 같은 표를 작성한다.

- 1단계 : $a_0 \quad a_2$ 와 같이 배열한다.
  $a_1 \quad a_3$

- 2단계 :

s^3	a_0	a_2
s^2	a_1	a_3
s^1	$\dfrac{a_1 a_2 - a_0 a_3}{a_1} = A$	0
s^0	a_3	

- 3단계 : 제1열의 모든 요소(a_0, a_1, A, a_3)가 동일부호라면 다항식의 근은 모두 s평면의 좌반면에 존재하며 만일 부호의 변화가 있다면 변화한 수만큼이 양의 실수부를 갖는 특성방정식의 근이 존재함을 나타내는 것이다.

③ Routh-Hurwitz 안정도 판별식

Routh-Hurwitz 안정도 판별법은 안정도에서 가장 많이 사용되는 방법으로 안정조건은 다음과 같다.

- Routh-Hurwitz 표의 1열의 부호가 변동이 없어야 한다.
- Routh-Hurwitz 표의 1열의 부호 변화 횟수만큼이 우반면의 극점수이며 불안정하다.

④ Routh-Hurwitz의 판별식

특성방정식 $F(s) = 1 + G(s)H(s) = a_0 s^n + a_1 s^{n-1} \cdots a_{n-1} s + a_n = 0$ 라 하면 Routh-Hurwitz 표는 다음과 같다.

s^n	a_0	a_2	a_4	a_6	a_8	$\cdots$
s^{n-1}	a_1	a_3	a_5	a_7	a_9	$\cdots$
s^{n-2}	B_1	B_2	B_3	B_4		$\cdots$
s^{n-3}	C_1	C_2	C_3			$\cdots$
$\vdots$	$\vdots$	$\vdots$	$\vdots$	$\vdots$	$\vdots$	

여기서, $B_1 = \dfrac{a_1 a_2 - a_0 a_3}{a_1}$, $B_2 = \dfrac{a_1 a_4 - a_0 a_5}{a_1}$, $B_3 = \dfrac{a_1 a_6 - a_0 a_7}{a_1}$

$C_1 = \dfrac{B_1 a_3 - a_1 B_2}{B_1}$, $C_2 = \dfrac{B_1 a_5 - B_3 a_1}{B_1}$, $C_3 = \dfrac{B_1 a_7 - a_1 B_4}{B_1} \cdots$

⑤ Routh-Hurwitz의 판별식의 계산 예
- 특성방정식 $s^3+2s^2+2s+40=0$인 경우
  Routh-Hurwitz 판별식을 이용하여 1열의 부호가 모두 양수이면 안정하며

s^3	1	2	0
s^2	2	40	0
s^1	$\dfrac{4-40}{2}=-18$	0	0
s^0	40		

  1열의 부호변화가 2번 있으므로 불안정하며 우반면에 극점(양의 실수부)이 2개 존재

- 특성방정식 $s^4+2s^3+5s^2+4s+2=0$인 경우
  Routh-Hurwitz판별식을 이용하여 1열의 부호가 모두 양수이면 안정하며

s^4	1	5	2
s^3	2	4	0
s^2	3	2	
s^1	$\dfrac{8}{3}$	0	
s^0	2		

  따라서 1열의 부호변화가 없으므로 안정

- 특성방정식 $F(s)=s^3+4s^2+2s+K=0$인 시스템이 안정하기 위한 K의 범위
  Routh-Hurwitz 판별식을 이용하여 1열의 부호가 모두 양수이면 안정하며

s^3	1	2	0
s^2	4	K	
s^1	$\dfrac{8-K}{4}$	0	
s^0	K		

  제1열의 요소가 모두 양수가 되기 위해서는
  $\dfrac{8-K}{4}>0$에서 $K<8, \quad K>0$

  따라서 안정하기 위한 조건은 $\therefore \ 0<K<8$

- 시스템이 안정하기 위한 K의 범위

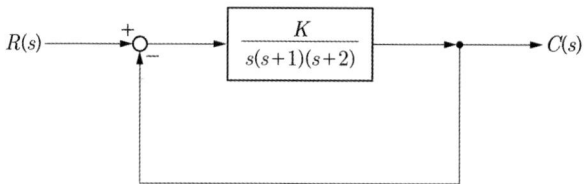

Routh-Hurwitz 판별식을 이용하여 안정도를 구하기 위하여 폐루프 특성방정식
폐루프의 특성방정식은 개루프 전달 함수의 (분모+분자)
$$s(s+1)(s+2)+K = s^3 + 3s^2 + 2s + K = 0$$
Routh-Hurwitz 판별식을 이용하여 1열의 부호가 모두 양수이면 안정하며

s^3	1	2
s^2	3	K
s^1	$\dfrac{6-K}{3}$	0
s^0	K	

제1열의 부호 변화가 없어야 안정하므로 $6-K>0$, $\quad 6>K \quad K>0$
∴ $0 < K < 6$

⑥ 특수한 경우의 Routh-Hurwitz 판별 안정도 판별법
- $F(s) = s^4 + s^3 + 2s^2 + 2s + 3 = 0$

s^4	1	2	3
s^3	1	2	0
s^2	0	3	

따라서 판별식 도중에 1열이 0이 되는 경우
0 대신에 ϵ 즉, 양수 중 최솟값(the positive smallest number)을 대입

s^4	1	2	3
s^3	1	2	0
s^2	ϵ	3	
s^1	$\dfrac{2\epsilon-3}{\epsilon}$	0	
s^0	3		

따라서 ϵ은 양수이나 $\dfrac{2\epsilon-3}{\epsilon}$은 음수이므로 1열의 부호변화가 2번 있으므로 불안정하며 우반면에 극점이 2개 존재한다.

- $F(s) = s^5 + 4s^4 + 8s^3 + 8s^2 + 7s + 4 = 0$

s^5	1	8	7
s^4	4	8	4
s^3	6	6	0
s^2	4	4	
s^1	0	0	

따라서 판별식 도중에 1행이 모두 0이 되는 경우
바로 위의 식을 이용하여 보조방정식을 세워서 사용

보조방정식 $A(s) = 4s^2 + 4$에서 $\dfrac{dA(s)}{ds} = 8s$

s^5	1	8	7
s^4	4	8	4
s^3	6	6	0
s^2	4	4	
s^1	8	0	
s^0	4		

따라서 1열의 부호변화 없으므로 우반면에 극점은 존재하지 않는다.
임계상태이다.

4 보드선도를 이용한 안정도(상대안정도)

보드선도를 이용한 안정도 판별에서의 안정조건은 다음과 같으며 보드선도는 상대안정도 즉, 여유(margine)를 구할 수 있다.

① 보드선도에서의 안정 조건
- 이득곡선 0[dB]에서 위상곡선이 $-180°$보다 위에 존재
- 위상곡선 $-180°$에서 이득이 음(-)의 값을 가질 때

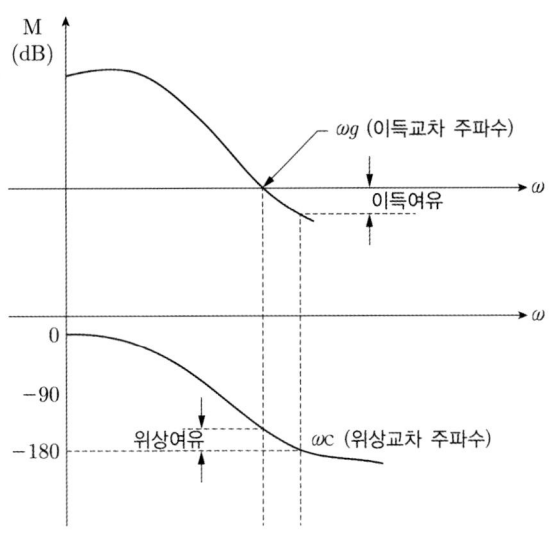

② 보드선도의 임계점 : 0[dB], $-180°$

③ 이득여유(g_m, gain margine) : 위상곡선 $-180°$에서 이득이 0[dB]와의 차
   위상여유(θ_m, phase margine) : 이득곡선 0[dB]에서 $-180°$와의 차

④ 보드선도에서의 안정 조건
   - 이득여유(g_m) > 0
   - 위상여유(θ_m) > 0

⑤ 보드선도의 약점
   보드 선도는 극점과 영점이 s 평면의 우반면에 존재하면 위상곡선이 항상 $-180°$보다 항상 위에 존재하므로 안정으로 판별되어 극점과 영점이 우반 평면에 존재하는 경우 판정이 불가능하다.

⑥ 보드선도에서의 안정곡선과 불안정 곡선
   보드선도에서의 안정곡선과 불안정 곡선을 나타내면 다음과 같다.
   - 안정한 곡선(이득여유(g_m) > 0, 위상여유(θ_m) > 0)

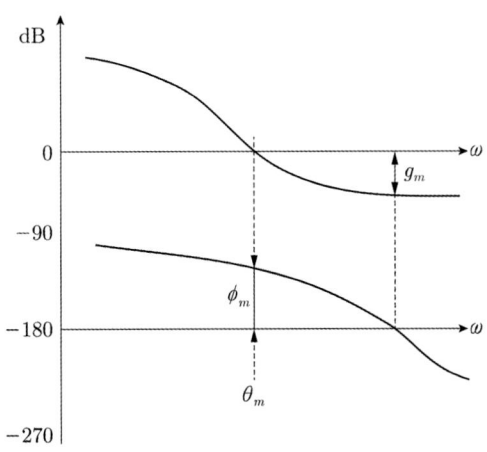

- 불안정한 곡선(이득여유(g_m) < 0, 위상여유(θ_m) < 0)

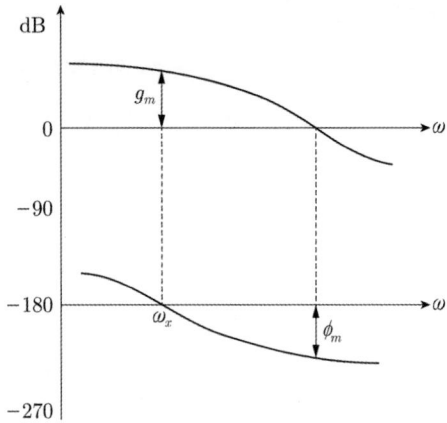

5 나이퀴스트(Nyquist)선도를 이용한 안정도

나이퀴스트(Nyquist)선도를 이용한 안정도 판별은 다음과 같다.

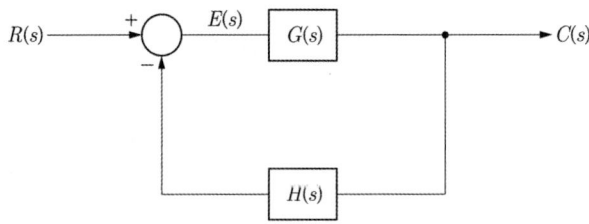

폐루프 전달 함수는 $\dfrac{C(s)}{R(s)} = \dfrac{G(s)}{1+G(s)H(s)}$

여기서 $1+G(s)H(s) = \dfrac{P(s)}{Q(s)} = K\dfrac{(s-s_1)(s-s_2)\cdots(s-s_n)}{(s-s_a)(s-s_b)\cdots(s-s_m)}$ 라 하며

$$G(s)H(s) = K'\dfrac{(s-s_\alpha)(s-s_\beta)\cdots(s-s_\omega)}{(s-s_a)(s-s_b)\cdots(s-s_m)}$$

로 놓고 보면 이 두 함수의 극이 같음을 알 수 있다.

또한 식에서 두 다항식의 차수사이에는 $n \leq m$이 성립하도록, 즉
$$\lim_{s \to \infty} G(s)H(s) = 0$$
또는 상수가 되도록 제한한다.

식에 의해서 $1+G(s)H(s)$의 영점은 $C(s)/R(s)$의 극이 된다는 것을 알 수 있고 시스템이 안정하기 위해서는 다항식 $1+G(s)H(s)$가 부(負)의 실수부를 갖는 영점을 가져야 한다. s평면에서의 폐곡선을 그림과 같이 s평면 우반부(RHP) 전체를 포함하도록 곡선을 가정하면

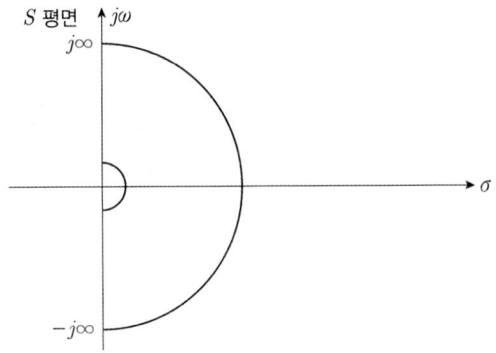

【 원점을 피하고 s 평면의 우반부 전체를 둘러싸는 특별한 폐곡선 】

$1+G(s)H(s)$의 영점이 이 폐곡선 내에 존재할 때 시스템은 불안정하게 됨을 알 수 있다. 이때 $1+G(s)H(s)$의 극이나 영점이 s 평면의 우반부에 둘러싸인다면

$1+G(s)H(s)$ 평면에서의 궤적이 원점을 둘러싸고 회전을 하거나 $G(s)H(s)$ 평면에서의 궤적이 $(-1, j0)$인 점을 둘러싼 회전을 할 것이다.

z를 $1+G(s)H(s)$의 정의 실수부를 가지는 영점의 개수, p를 $1+G(s)H(s)$ 또는 $G(s)H(s)$의 정(正)의 실수부를 가지는 극의 개수라고 하고 $G(s)H(s)$ 평면에서 $(-1, j0)$을 또는 $1+G(s)H(s)$ 평면에서 원점을 시계방향으로 둘러싸는 회전수를 N이라고 하면 $N = Z - P$

시스템이 안정하기 위해서는 $1+G(s)H(s)$의 정(正)의 실수부를 가지는 영점의 개수이며 $C(s)/R(s)$의 정(正)의 실수부를 가지는 극의 개수이기도 한 Z가 0이 되어야 하므로 $1+G(s)H(s)$로 주어지는 특성식을 가지는 시스템은 $N = -P$ 일 경우에 한해서 안정하게 된다.

대부분의 경우 $P = 0$이어서 안정되기 위한 판별법은 $N = 0$ 여부만을 조사하면 된다.

① 간략화한 Nyquist선도

만일 우반면 존재의 특성방정식의 근의 수에 관계없이 개루프 안정도에만 관계한다면, s 평면 양의 허수축에 대응하는 $G(s)H(s)$의 선도만이 필요하다.

즉, $s=0$에서 $s=\infty$ 까지만 선도를 그려 대칭으로 그려 볼 수 있다.

그림은 에 있는 임계점이 포함되는지를 결정하는데 $s=0$로부터 $s=\infty$ 까지의 Nyquist선도 부분을 어떻게 사용하는가를 설명하고 있다. 즉, 최소위상 전달 함수일 경우 함수 $F(s)$가 만일 s 평면 우반면에 극을 갖지 않는다면 그와 같은 폐루프계가 안정되려면 $F(s)$의 Nyquist선도는 $(-1, j0)$인 임계치를 포함하여서는 안 된다.

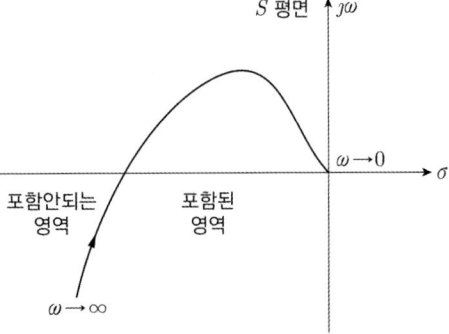

② Nyquist 경로

안정한 시스템에서 특성방정식 $F(s)$의 근은 s평면의 좌반면(LHP)에 위치해야 한다. 근이 우반면(RHP)에 놓이면 시스템은 불안정하다. 이와 같은 사실과 Cauchy의 편각의 원리를 조합하여 Nyquist는 우반면 전체를 포위하도록 하는 폐경로 Q를 잡아 양의 실근을 갖는 $F(s)$의 극과 영점을 검출하였다. 이 경로 Q를 Nyquist경로라 하며 그림과 같다.

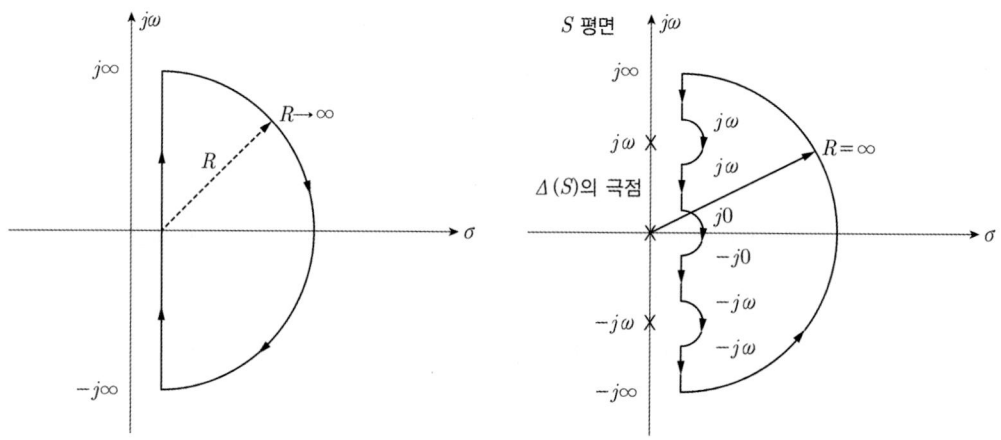

【 나이퀴스트 경로 】

$R \to \infty$ 이므로 s평면의 우반면 내에 $F(s)$의 임의의 극이나 영점이 존재한다면 이점들이 Nyquist 경로에 둘러싸이게 됨은 분명하다.

③ 나이퀴스트 선도를 이용한 안정도 판별에서의 안정 조건은 다음과 같다.
  • 이득여유 $(g_m) > 0$
  • 위상여유 $(\theta_m) > 0$

④ 나이퀴스트 선도의 임계점 : $(-1, 0)$

⑤ 이득여유 : $g_m = 20\log_{10} \dfrac{1}{|G(j\omega)H(j\omega)|} > 0$

여기서, 이득여유를 구하는 방법은 다음과 같다.
$|G(j\omega)H(j\omega)|$는 주파수 전달 함수의 허수부를 0으로 만드는 ω를 대입하여 구한다.

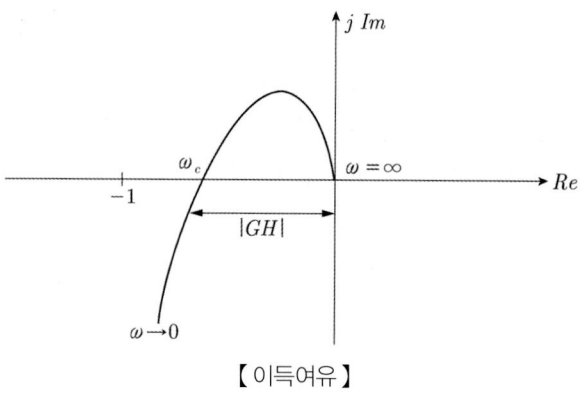

【 이득여유 】

위상여유 : $\theta_m = 180° - \theta > 0$

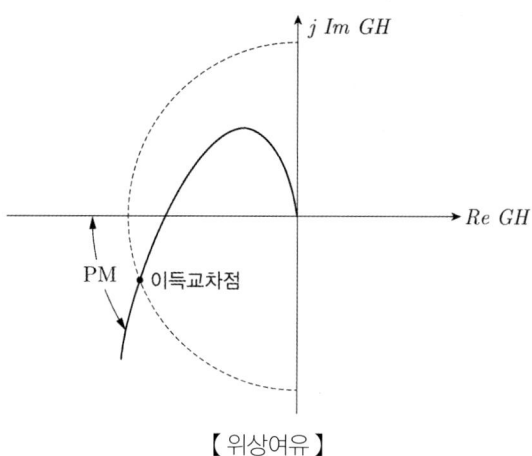

【 위상여유 】

⑥ 나이퀴스트 선도를 이용한 안정도 판별

- a 선도 : 안정

$$g_m = 20\log_{10}\frac{1}{|0.5|} ≒ 6 > 0$$

$$\theta_m = 180° - 150° = 30° > 0$$

- b 선도 : 임계상태

$$g_m = 20\log_{10}1 = 0$$

$$\theta_m = 180° - 180° = 0$$

- c 선도 : 불안정

$$g_m = 20\log_{10}\frac{1}{|1.5|} ≒ -3.52 < 0$$

$$\theta_m = 180° - 210° = -30° < 0$$

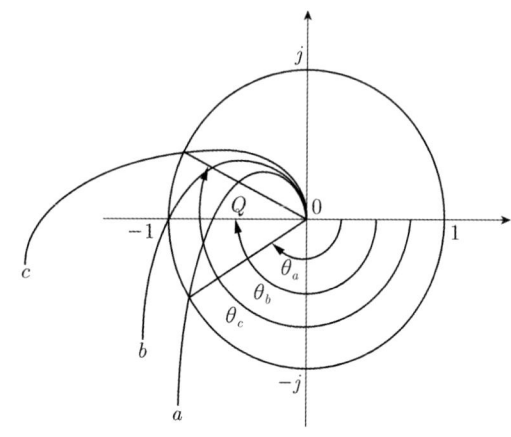

Q : 위상교점 P : 이득교점

$\theta_a = 150°$ $\theta_b = 180°$ $\theta_c = 210°$

이득여유를 구하는 방법은 다음과 같다.

예 $G(s)H(s) = \dfrac{2}{(s+1)(s+2)}$ 의 이득여유

이득 여유 $g \cdot m = 20\log_{10}\left|\dfrac{1}{GH}\right|$ [dB]이므로

$|GH| = \left|\dfrac{2}{2-\omega^2 + j3\omega}\right|_{\omega=0}$ 여기서, 허수부가 0이 되는 주파수는 $\omega = 0$이므로

대입하면 $|GH| = 1$

이득 여유는 $g \cdot m = 20\log_{10}|1| = 0$[dB]

예 $G(s)H(s) = \dfrac{20}{s(s-1)(s+2)}$ 인 계의 이득 여유

이득여유 $g \cdot m = 20\log_{10}\dfrac{1}{|GH(j\omega)|}$ [dB]

$GH(j\omega) = \dfrac{20}{j\omega(j\omega-1)(j\omega+2)} = \dfrac{20}{-\omega^2 - j\omega(\omega^2+2)}$

따라서 허수부를 0으로 하는 값 $\omega = 0$, $\omega^2 = -2$ 중에
가장 적절한 $\omega^2 = -2$를 대입하면

$|GH(j\omega)| = \dfrac{20}{2} = 10$ 이다.

따라서 이득여유 $g \cdot m = 20\log_{10}\dfrac{1}{|GH|} = 20\log_{10}\dfrac{1}{10} = -20$ [dB]

예 $G(s)H(s) = \dfrac{K}{(s+1)(s+2)}$ 인 계의 이득여유가 40[dB]이면 이때의 K 값

이득 여유 $g \cdot m = 20\log_{10}\left|\dfrac{1}{GH(j\omega)}\right|$ [dB]이므로

$|GH| = \left|\dfrac{K}{2-\omega^2+j3\omega}\right|_{\omega=0}$ 여기서, 허수부가 0이 되는 주파수는 $\omega = 0$이므로

대입하면 $|GH| = \dfrac{K}{2}$

이득 여유는 $g \cdot m = 20\log_{10}\left|\dfrac{1}{\dfrac{K}{2}}\right| = 40$ [dB]

따라서 $\dfrac{2}{K} = 100$이며 $K = \dfrac{1}{50}$

이론 요약

절대안정도 : 극점의 위치, Routh-Hurwitz판별법
상대안정도 : 보드선도, 나이퀴스트선도, 니콜스선도

1. 특성방정식의 근(극점)의 위치에 따른 안정도

① 극점이 좌반면에 위치 : 안정상태
② 극점이 우반면에 위치 : 불안정상태
③ 극점이 허수축에 위치 : 임계상태

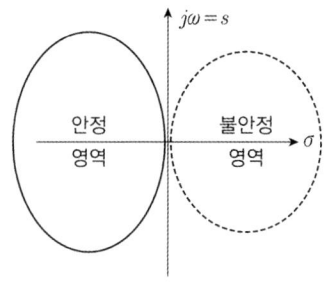

2. Routh-Hurwitz 안정도 판별법

① 전제 조건
  - 모든 계수의 부호가 (+)로 동일할 것
  - 모든 계수가 존재할 것
② Routh표의 제1열의 모든 값의 부호가 변하지 않을 것 : 제1열의 부호가 변하는 회수만큼의 극점이 우반면에 존재

3. 나이퀴스트 안정도 판별법

① 시스템의 주파수 응답에 관한 정보
② 시스템의 안정을 개선하는 방법
③ 나이퀴스트 선도의 임계점 : (-1, 0)
④ 이득 여유
$$g_m = 20\log_{10}\frac{1}{|G(j\omega)H(j\omega)|}[\text{dB}]$$
⑤ 위상 여유
$$\theta_m = 180° - \theta°$$
⑥ 나이퀴스트 선도에서 안정 조건
  - 이득 여유 : $g_m > 0$
  - 위상 여유 : $\theta_m > 0$

4. 보드선도 안정도 판별법

① 안정조건 : 이득곡선 0[dB]선과 교차하는 점에서의 위상차가 −180° 보다 크고 위상곡선의 위상각이 −180° 일 경우에 이득 값이 음(−)

- 위상 여유 $\theta_m > 0$
- 이득 여유 $g_m > 0$

② 보드선도의 임계점 : 0[dB], −180°

③ 이득여유와 위상여유

- 이득여유(g_m, gain margin) : 위상곡선 −180°에서 이득이 0[dB]와의 차
- 위상여유(θ_m, phase margin) : 이득곡선 0[dB]에서 −180°와의 차

④ 보드선도의 약점 : 극점과 영점이 s 평면의 우반면에 존재하는 경우 판정이 불가능

5. 최소위상함수(위상이 시계 반대 방향으로 진행되는 함수)

① 위상여유, 이득여유가 전부 양(+)이어야 안정
② 이득교차 주파수는 진폭비가 1($|G(j\omega)|=1$, 0[dB])이 되는 주파수
③ 상대안정도는 위상각의 증가와 함께 커지게 된다.

CHAPTER 08 필수 기출문제

꼭! 나오는 문제만 간추린

01 다음 임펄스 응답 중 안정한 계는?
① $c(t) = 1$
② $c(t) = \cos\omega t$
③ $c(t) = e^{-t}\sin\omega t$
④ $c(t) = 2t$

해설 임펄스 응답 시의 안정 조건
- $t \to \infty$일 때 0으로 수렴하면 안정
- $t \to \infty$일 때 ∞로 발산하면 불안정
- $t \to \infty$일 때 값의 변동이 없거나 일정 값으로 진동하면 임계

① $\lim_{t \to \infty} 1 = 1$
② $\lim_{t \to \infty} \cos\omega t = \cos\omega t$
③ $\lim_{t \to \infty} e^{-t}\sin\omega t = 0$
④ $\lim_{t \to \infty} 2t = \infty$

따라서 ③인 경우에 안정하다.

【답】③

02 ★★★★★
안정한 제어계는 특성방정식 $1 + G(s)H(s) = 0$의 근이 평면의 어느 곳에 있어야 하는가?
① s 평면의 우반 평면
② s 의 허수축상
③ s 평면의 좌반 평면
④ s 의 실수축상

해설 특성방정식의 근(극점)의 위치에 따른 안정도
- **좌반면** : 안정 상태
- 우반면 : 불안정 상태
- 허수축 : 임계 상태

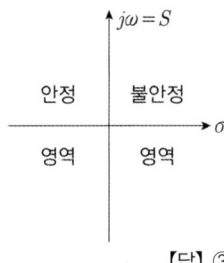

【답】③

03 제어계가 안정하려면 특성방정식의 근이 s 평면(복소수 평면)에서 어느 곳에 위치하여야 하는가?
① ㄱ, ㄹ 부분
② ㄴ, ㄷ 부분
③ ㄱ, ㄴ 부분
④ ㄷ, ㄹ 부분

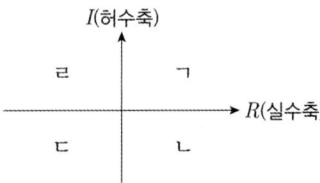

해설 특성방정식의 근(극점)의 위치에 따른 안정도
- 좌반면 : 안정 상태
- 우반면 : 불안정 상태
- 허수축 : 임계 상태

따라서 극점이 좌반면에 존재할 때 안정이므로 ㄷ, ㄹ이 된다.

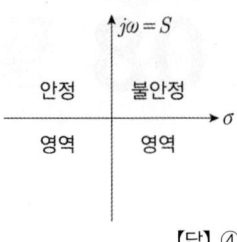

【답】 ④

04 ★★★★★
루드-후르비츠 표를 작성할 때 제1열 요소의 부호 변환은 무엇을 의미하는가?
① s 평면의 좌반면에 존재하는 근의 수
② s 평면의 우반면에 존재하는 근의 수
③ s 평면의 허수축에 존재하는 근의 수
④ s 평면의 원점에 존재하는 근의 수

해설 루드-후르비츠 표를 작성할 때 제1열 요소의 부호 변환은 우반면에 존재하는 근(불안정한 근의 수)과 같다. 【답】 ②

05 다음 특성방정식 중 안정될 필요조건을 갖춘 것은?
① $s^4 + 3s^2 + 10s + 10 = 0$
② $s^3 + s^2 - 5s + 10 = 0$
③ $s^3 + 2s^2 + 4s - 1 = 0$
④ $s^3 + 9s^2 + 20s + 12 = 0$

해설 Routh-Hurwitz 안정도 판별법
- 전제 조건(전제 조건이 성립하지 않으면 무조건 불안정)
- 모든 계수의 부호가 (+)로 동일할 것
- 모든 계수가 존재할 것

①는 s^3항이 없다.
②, ③는 음수(-)가 있다. 【답】 ④

06 어떤 제어계의 특성방정식이 $s^2 + as + b = 0$일 때 안정 조건은?
① $a = 0,\ b < 0$
② $a < 0,\ b < 0$
③ $a > 0,\ b < 0$
④ $a > 0,\ b > 0$

해설 Routh-Hurwitz 안정도 판별법의 전제 조건(전제조건이 성립하지 않으면 무조건 불안정)
- 모든 계수의 부호가 (+)로 동일할 것
- 모든 차수가 존재할 것

따라서 $s^2 + as + b = 0$에서 $a > 0,\ b > 0$ 【답】 ④

07 ★★★★★
$s^3 + s^2 - s + 1$에서 안정근은 몇 개인가?
① 0개
② 1개
③ 2개
④ 3개

해설 Routh-Hurwitz 판별식을 이용하여 1열의 부호가 모두 양수이면 안정하며

s^3	1	-1
s^2	1	1
s^1	-2	0
s^0	1	

제1열의 부호 변화가 2번 있으므로 시스템은 불안정하며 정(+)의 실수부를 갖는 근이 2개이다.
따라서 안정근은 1개이다. 【답】②

08 특성방정식이 $s^3 + s^2 + s = 0$일 때 이 계통은 어떻게 되는가?
① 안정하다. ② 불안정하다.
③ 조건부 안정이다. ④ 임계상태이다.

해설 Routh-Hurwitz판별식을 이용하여 1열의 부호가 모두 양수이면 안정하며

s^3	1	1
s^2	1	0
s^1	1	0
s^0	0	

한 행의 값이 모두 0이면 임계상태이다. 【답】④

09 특성방정식이 $Ks^3 + 2s^2 - s + 5 = 0$인 제어계가 안정하기 위한 K의 값을 구하면?
① $K < 0$ ② $K < -\dfrac{2}{5}$
③ $K > \dfrac{2}{5}$ ④ 안정한 값이 없다.

해설 Routh-Hurwitz 안정도 판별법의 전제 조건(전제 조건이 성립하지 않으면 무조건 불안정)
• 모든 계수의 부호가 (+)로 동일할 것
• 모든 차수가 존재할 것
여기서는 (-)항이 존재하므로 무조건 불안정이 된다. 【답】④

10 특성방정식 $s^3 - 4s^2 - 5s + 6 = 0$로 주어지는 계는 안정한가? 또는 불안정한가? 또 우반 평면에 근을 몇 개 가지는가?
① 안정하다, 0개 ② 불안정하다, 1개
③ 불안정하다, 2개 ④ 임계상태이다, 0개

해설 Routh-Hurwitz 판별식을 이용하여 1열의 부호가 모두 양수이면 안정하며

s^3	1	-5
s^2	-4	6
s^1	-3.5	0
s^0	6	0

1열의 부호의 변화가 2번 있으므로 불안정한 시스템이며 우반면에 2개의 근을 갖는다. 【답】③

11 ★★★★★
다음 그림과 같은 제어계가 안정하기 위한 K의 범위는?
① $0 < K < 6$ ② $1 < K < 5$
③ $-1 < K < 6$ ④ $-1 < K < 5$

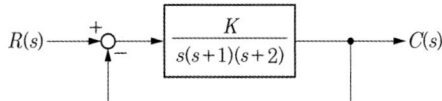

해설 Routh-Hurwitz 판별식을 이용하여 안정도를 구하기 위하여 폐루프 특성방정식을 구하면
폐루프의 특성방정식은 개루프 전달 함수의 (분모+분자)
$s(s+1)(s+2)+K=s^3+3s^2+2s+K=0$
Routh-Hurwitz 판별식을 이용하여 1열의 부호가 모두 양수이면 안정하며

s^3	1	2
s^2	3	K
s^1	$\dfrac{6-K}{3}$	0
s^0	K	

제1열의 부호 변화가 없어야 안정하므로 $6-K>0$, $6>K$ $K>0$
∴ $0<K<6$

【답】①

12 다음과 같은 궤환 제어계가 안정하기 위한 K의 범위를 구하면?

① $K>0$ ② $K>1$
③ $0<K<1$ ④ $0<K<2$

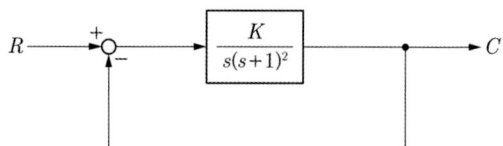

해설 Routh-Hurwitz 판별식을 이용하여 안정도를 구하기 위하여 폐루프 특성방정식을 구하면
폐루프의 특성방정식은 개루프 전달 함수의 (분모+분자)
$s(s+1)^2+K=s^3+2s^2+s+K=0$
Routh-Hurwitz 판별식을 이용하여 1열의 부호가 모두 양수이면 안정하며

s^3	1	1
s^2	2	K
s^1	$\dfrac{2-K}{2}$	0
s^0	K	

제1열의 부호 변화가 없어야 안정하므로 $2-K>0$, $2>K$ $K>0$
∴ $0<K<2$

【답】④

13 지연 요소(dead time element)는 제어계의 안정도에 어떤 영향을 미치는가?

① 안정도에 관계없다. ② 안정도를 개선한다.
③ 안정도를 저하시킨다. ④ 상대적 안정도의 척도 역할을 한다.

해설 부동작 시간요소 : 입력 신호와 같은 파형이고 시간만이 뒤졌을 때
　　　　여기서, T는 부동작 시간(dead time)

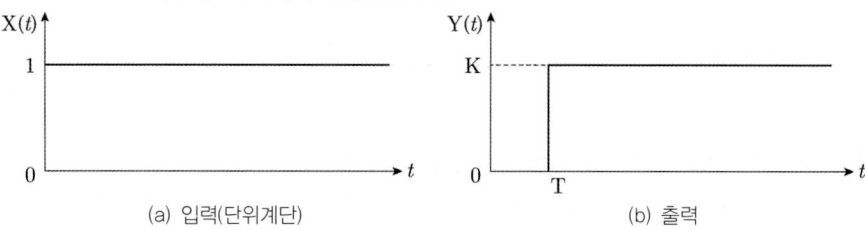

(a) 입력(단위계단)　　　　(b) 출력

따라서 지연 요소는 출력 시간의 지연을 나타내며 안정도와는 무관하다.

【답】①

14 보드 선도에서 이득여유에 대한 정보를 얻을 수 있는 것은?

① 위상선도가 0° 축과 교차하는 점에 대응하는 크기
② 위상선도가 180° 축과 교차하는 점에 대응하는 크기
③ 위상선도가 -180° 축과 교차하는 점에 대응하는 크기
④ 위상선도가 -90° 축과 교차하는 점에 대응하는 크기

해설 보드 선도
 • 이득여유 : 위상곡선 -180°에서의 이득과 0[dB]과의 차이
 • 위상여유 : 이득곡선 0[dB]에서 위상곡선과의 교차점

【답】③

15 $G(s) = 1 + 10s$ 의 보드 선도의 이득곡선은 ?

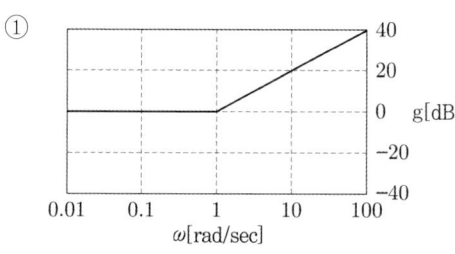

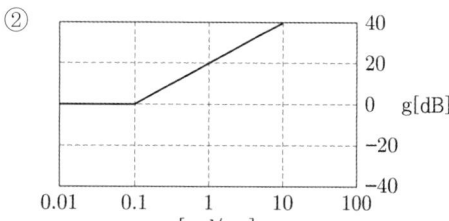

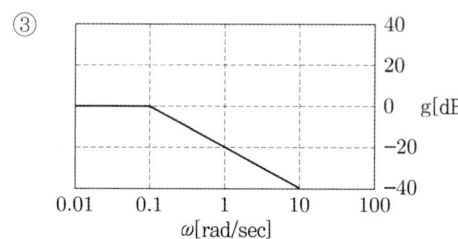

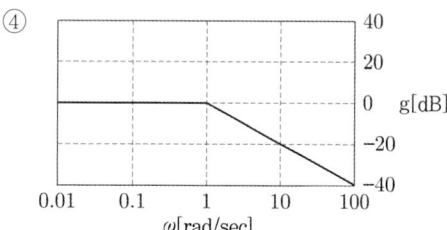

해설 전달 함수 $G(s) = 1 + 10s$ $G(j\omega) = 1 + j10\omega$ 에서
보드 선도의 굴곡점 $\omega = 0.1$
따라서 $\omega = 0.1$에서 보드 선도가 꺾이게 되고
전달 함수 $G(j\omega) = 1 + j10\omega$에서 ω가 커질수록 이득은 증가하므로 다음의 보드 선도가 된다.

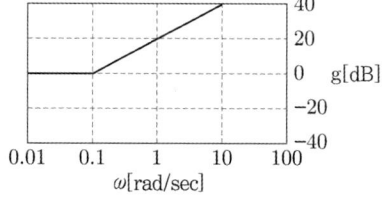

【답】②

16 $G(j\omega) = \dfrac{K}{(1 + 2j\omega)(1 + j\omega)}$ 의 이득여유가 20[dB]일 때 K의 값은?

① 0
② 1
③ 10
④ $\dfrac{1}{10}$

해설 이득여유 $g \cdot m = 20\log_{10}\left|\dfrac{1}{GH}\right|$ [dB]이므로

$|GH| = \left| \dfrac{K}{1-2\omega^2+j3\omega} \right|_{\omega=0}$ 여기서, 허수부가 0이 되는 주파수는 $\omega=0$이므로

대입하면 $|GH|=K$

이득여유는 $g \cdot m = 20\log_{10}\left|\dfrac{1}{K}\right| = 20$[dB] 따라서 $K=\dfrac{1}{10}$

【답】 ④

17 $GH(j\omega) = \dfrac{10}{(j\omega+1)(j\omega+T)}$ 에서 이득여유를 20[dB]보다 크게 하기 위한 T의 범위는?

① $T > 1$ ② $T > 10$
③ $T < 0$ ④ $T > 100$

해설

이득여유 $g \cdot m = 20\log_{10}\left|\dfrac{1}{GH}\right|$[dB]이므로

$|GH| = \left|\dfrac{10}{T-\omega^2+j\omega(1+T)}\right|_{\omega=0}$ 여기서, 허수부가 0이되는 주파수는 $\omega=0$이므로

대입하면 $|GH| = \dfrac{10}{T}$

이득여유는 $g \cdot m = 20\log_{10}\left|\dfrac{1}{\frac{10}{T}}\right| = 20\log_{10}\dfrac{T}{10} > 20$[dB]

따라서 $\dfrac{T}{10} > 10$, $T > 100$

【답】 ④

18 Nyquist 판정법의 설명으로 틀린 것은?

① Nyquist 선도는 제어계의 오차 응답에 관한 정보를 준다.
② 계의 안정을 개선하는 방법에 대한 정보를 제시해 준다.
③ 안정성을 판정하는 동시에 안정도를 제시해 준다.
④ Routh-Hurwitz 판정법과 같이 계의 안정 여부를 직접 판정해 준다.

해설 Nyquist 판정법
- 주파수 응답
- 안정성(절대안정도)과 안정도(상대안정도)
- 나이퀴스트 선도에서 안정계에 요구되는 여유
  - 이득여유 : $g_m > 0$
  - 위상여유 : $\theta_m > 0$

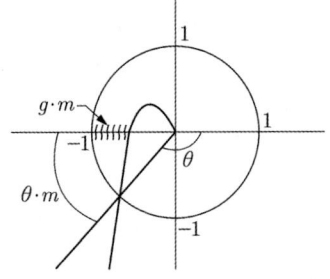

【답】 ①

19 다음 안정도 판별법 중 $G(s)H(s)$의 극점과 영점이 우반 평면에 있을 경우 판정 불가능한 방법은?

① 루드-후르비츠 판별법 ② 보드 선도
③ 나이퀴스트 판별법 ④ 근궤적법

해설 보드 선도는 극점과 영점이 s 평면의 우반면에 존재하면 위상곡선이 항상 $-180°$보다 항상 위에 존재하므로 무조건 안정으로 판별되어 극점과 영점이 우반 평면에 존재하는 경우 판정이 불가능하다.

【답】 ②

20 주파수 응답에 의한 위치 제어계의 설계에서 계통의 안정도 척도와 관계가 적은 것은 어느 것인가?

① 공진치
② 고유 주파수
③ 위상 여유
④ 이득 여유

해설 시스템의 고유 주파수는 시스템 고유의 주파수로서 안정도와는 무관하다. 【답】②

21 어떤 제어계가 안정하기 위한 이득여유 g_m 과 위상여유 ϕ_m 은 각각 어떤 조건을 가져야 하는가?

① $g_m > 0, \ \phi_m > 0$
② $g_m < 0, \ \phi_m < 0$
③ $g_m < 0, \ \phi_m > 0$
④ $g_m > 0, \ \phi_m < 0$

해설 보드 선도(나이퀴스트 선도상)의 안정 조건
- 위상여유 $\phi_m > 0$
- 이득여유 $g_m > 0$

【답】①

CHAPTER 09 근궤적법

근궤적의 원리 · 개루프 전달함수 이득상수 K에 따른 궤적의 이동 · 근궤적의 형태 · 근궤적의 작성법

근궤적의 원리

s 평면상에서 개루프 전달 함수의 이득 상수 K를 0에서 ∞까지 변화시킬 때의 특성방정식의 근, 즉 개루프 전달 함수의 극의 이동궤적을 나타내는 궤적으로 다음과 같은 특징을 가진다.
- 시스템의 매개변수와 시스템 응답의 기본적인 특징간의 상관관계를 알 수 있다.
- 매개변수의 변화가 시스템의 성능특성에 미치는 효과를 평가하는 데에 유용하다.
- 시간영역에서 오버슈트, 제동비, 정착시간 등이 주어질 때 시스템의 해석, 설계에 유용하다.

개루프 전달 함수 이득상수 K에 따른 궤적의 이동

개루프 전달 함수 $C(s) = \dfrac{K}{s(s+2)}$ 에서

특성방정식 $s(s+2) + K = 0$ 에서 $s^2 + 2s + K = 0$
- $-\infty < K < 0$: 두 개의 실근(양, 음)
- $K = 0$: $s_1 = 0,\ s_2 = -2$
- $0 < K < 1$: 두 개의 실근(음)
- $K = 1$: $s_1,\ s_2 = -1$
- $1 < K < \infty$: 두 개의 공액복소근(음의 실부)

이를 궤적으로 나타내면 다음과 같다.

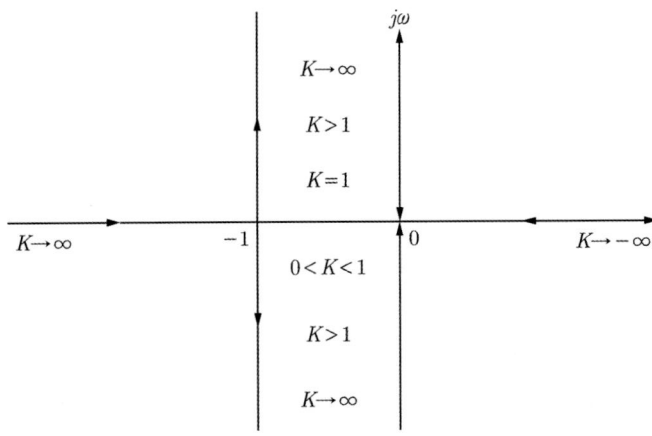

근궤적의 형태

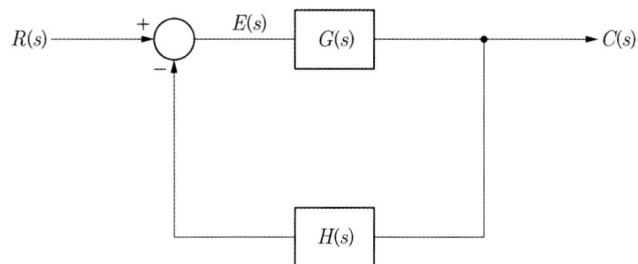

그림의 폐루프 전달 함수는

$$\frac{C(s)}{R(s)} = \frac{G(s)}{1+G(s)H(s)}$$

그 특성방정식이 $1+G(s)H(s)=0$이라고 할 때 $G(s)H(s)$는 다음과 같은 유리함수로 표현할 수 있는 가변 파라미터를 포함하고 있다고 가정한다.

$G(s)H(s) = \dfrac{KQ(s)}{P(s)}$ 에서

$1+ \dfrac{KQ(s)}{P(s)} = 0$ 또는 $\dfrac{P(s)}{Q(s)} = -\dfrac{1}{K}$

여기서, $K=0$ 점은 완전 근궤적에서 $G(s)H(s)$의 극이 되며 $K=\pm\infty$ 점은 완전 근궤적에서 $G(s)H(s)$의 영점이 된다.

따라서 근궤적은 개루프 전달 함수의 이득 상수 K를 0에서 ∞까지 변화시킬 때의 특성방정식의 근, 즉 개루프 전달 함수의 극의 이동궤적을 나타내는 궤적으로 $K=0$에서 $K=\pm\infty$ 또는 극점에서 시작하여 영점에 종착하는 궤적의 형태를 가진다.

근궤적의 작성법

1 근궤적의 출발점($K=0$)
근궤적은 $G(s)H(s)$의 극점으로부터 출발한다.

2 근궤적의 종착점($K=\infty$)
근궤적은 $G(s)H(s)$의 영점에서 종착한다.

3 근궤적의 지로 수(개수)
근궤적의 지로 수는 극점의 개수를 P, 영점의 개수를 Z라 하면 극점이나 영점 중 개수가 많은 쪽으로 결정된다.
일반적인 경우는 근궤적의 총수는 특성방정식 $F(s)=0$의 차수와 같다.
① $Z>P$이면 지로 수는 $N=Z$
② $Z<P$이면 지로 수는 $N=P$

예) $G(s)H(s) = \dfrac{K(s+1)}{s^2(s+2)(s+3)}$ 의 근궤적의 지로 수

$Z > P \ : \ N = Z$

$Z < P \ : \ N = P$

영점 $Z = 1$, 극점 $P = 4$이므로

$Z < P \ : \ N = P$

따라서 근궤적 수 $N = 4$

4 근궤적의 대칭성

근궤적은 실수축에 관하여 대칭이다.

5 근궤적의 점근선의 각도

점근선의 각도 $\theta = \dfrac{(2k+1)}{P-Z}\pi$

여기서, $k = 0, \ 1, \ 2, \ \cdots$

예) $G(s)H(s) = \dfrac{K}{s(s+1)(s+2)}$ 에서의 점근선의 각도

$P - Z = 3 - 0 = 3$

점근선의 각도 $\theta = \dfrac{(2k+1)}{P-Z}\pi = \dfrac{2k+1}{3}\pi$

$k = 0 \quad \theta = \dfrac{\pi}{3} = 60°$

$k = 1 \quad \theta = \pi = 180°$

$k = 2 \quad \theta = \dfrac{5}{3}\pi = 300°$

6 점근선의 실수축 교차점

점근선은 실축상에서만 교차하며 다음과 같다.

점근선의 실수축 교차점 $\sigma = \dfrac{\Sigma G(s)H(s)\text{의 극점} - \Sigma G(s)H(s)\text{의 영점}}{P-Z}$

예) $G(s)H(s) = \dfrac{K(s-2)(s-3)}{s^2(s+1)(s+2)(s+4)}$ 의 점근선의 교차점

근궤적의 점근선의 교차점

$\sigma = \dfrac{\Sigma G(s)H(s)\text{의 극점} - \Sigma G(s)H(s)\text{의 영점}}{P-Z} = \dfrac{(0+0-1-2-4)-(2+3)}{5-2} = -4$

7 실축상에서의 근궤적의 범위

$G(s)H(s)$의 근궤적은 홀수구간의 좌측에 존재한다.

- 예 $G(s)H(s) = \dfrac{K}{s(s+1)(s+2)}$ 에서의 근궤적의 범위

  원점에서 점(-1) 사이와 (-2) 사이에서 $(-\infty)$ 사이

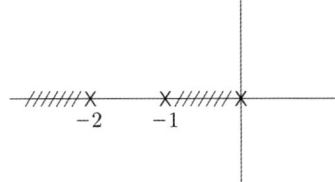

8 근궤적과 허축과의 교차점

근궤적이 s 평면의 허수축과 교차하는 점에서의 ω 와 K 의 값은 Routh-Hurwitz 판별법으로 얻을 수 있다.

- 예 $G(s)H(s) = \dfrac{K}{s(s+2)(s+4)}$ 의 근궤적의 $j\omega$ 축과 교차하는 점

  근궤적의 허수축과 교차하는 점은 Routh의 판별식에서 한 행이 모두 0인 경우이므로 Routh의 판별식을 수행하기 위한 특성방정식은

  $s(s+2)(s+4) + K = s^3 + 6s^2 + 8s + K = 0$

  Routh의 판별식

s^3	1	8
s^2	6	K
s^1	$\dfrac{48-K}{6}$	0
s^0	K	0

  한 행이 모두 0이려면 $\dfrac{48-K}{6} = 0$ $\therefore K = 48$

  따라서 바로 위의 행에서 보조방정식을 이용하면

  $6s^2 + K = 0$ 에 $K = 48$ 을 대입하면 $6s^2 + 48 = 0$

  $s^2 + 8 = 0$ 에서 $s = \pm j2\sqrt{2} = \pm j2.828$ 이므로

  $s = j\omega = \pm j2.828$ 이므로 $\omega = 2.828$ [rad/s]

9 근궤적의 실축상에서의 이탈점

$\dfrac{dK(s)}{ds} = 0$

- 예 $G(s)H(s) = \dfrac{K}{s(s+2)(s+8)}$ 의 실수축상 이탈점

  특성방정식 $1 + G(s)H(s) = 1 + \dfrac{K}{s(s+2)(s+8)} = 0$

  $K(s) = -s(s+2)(s+8) = -s^3 - 10s^2 - 16s$

$$\frac{dK(s)}{ds} = -3s^2 - 20s - 16 = 0$$

따라서 $s_1 = -0.93$, $s_2 = -5.74$

그러나, 근궤적의 범위가 $0 \sim -2$, $-8 \sim -\infty$ 이므로

따라서 실수축 이탈점(분지점)은 $s_1 = -0.93$

10 출발각과 도착각

$G(s)H(s)$의 극에서 출발하는 근궤적($K > 0$)의 출발각과 $G(s)H(s)$의 영점에 도달하는 근궤적의 도착각은 그 극이나 영점에 관련된 근궤적 상에 있고, 또 그 극이나 영점에 아주 가까이에 있는 점 s_1을 가정하여 다음 식에 적용하여 구한다.

$$\angle G(s_1)H(s_1) = \sum_{i=1}^{m} \angle s_1 + z_i - \sum_{j=1}^{n} \angle s_1 + p_j = (2K+1)\pi \quad K = 0, \pm 1, \pm 2, \cdots$$

대응 근궤적 출발각과 도착각은 다음 식에서 구해진다.

$$\angle G(s_1)H(s_1) = \sum_{i=1}^{m} \angle s_1 + z_2 - \sum_{j=1}^{n} \angle s_1 + p_j = 2K\pi \quad K = 0, \pm 1, \pm 2, \cdots$$

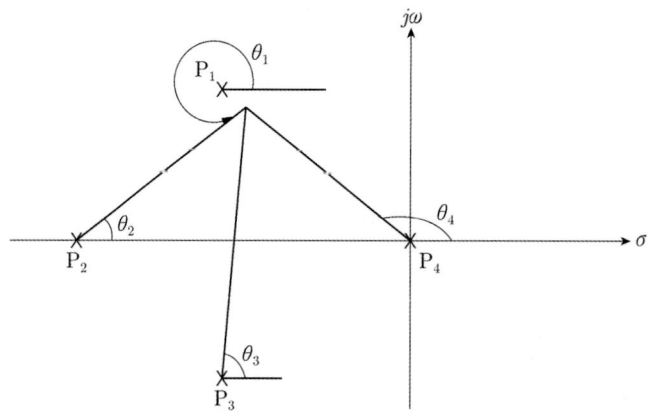

【출발각과 도착각】

$$G_1(s)H_1(s) = -\frac{1}{K}$$

$$\therefore \angle G_1(s)H_1(s) = (2K+1)\pi \quad (K > 0)$$

따라서 근궤적($K > 0$)인 경우

$$\angle G_1(s)H_1(s) = -(\theta_1 + \theta_2 + \theta_3 + \theta_4)$$

11 근궤적상의 임의의점에서의 K의 계산

완전 근궤적에서 임의의 점 s_1에서의 K의 절대치는 다음 식에서 구해진다.

$$K = \frac{1}{|G(s_1)H(s_1)|} = \frac{G(s)H(s)\text{의 극에서 } s_1\text{에 내려진 벡터길이의 곱}}{G(s)H(s)\text{의 영점에서 } s_1\text{에 내려진 벡터길이의 곱}}$$

이론 요약

1. 근궤적
개루프 전달 함수의 이득 정수 K를 0~∞까지 변화시킬 때의 극점의 이동궤적

2. 근궤적 작도법
① 근궤적의 출발점($K=0$) : $G(s)H(s)$의 극점으로부터 출발

② 근궤적의 종착점($K=\infty$) : 근궤적은 $G(s)H(s)$의 영점에 종착

③ 근궤적의 개수
 - $Z > P$: $N = Z$
 - $Z < P$: $N = P$

④ 근궤적의 실수축에 관하여 대칭

⑤ 근궤적의 점근선
 - 점근선의 각도 $\theta = \dfrac{(2k+1)\pi}{P-Z}$ $k = 0,\ 1,\ 2,\ \cdots$
 - 점근선의 교차점 $\delta = \dfrac{\Sigma G(s)H(s)의\ 극점 - \Sigma G(s)H(s)의\ 영점}{P-Z}$

⑥ 근궤적의 범위 : 실축상의 극과 영점의 총수가 홀수이면 그 좌측 구간에 존재

⑦ 근궤적과 허축과의 교차점 : Routh-Hurwitz 안정도 판별법 이용

⑧ 실축상에서의 분지점(이탈점) : $\dfrac{dK(s)}{ds} = 0$

CHAPTER 09 필수 기출문제

꼭! 나오는 문제만 간추린

01 ★★★★★ 근궤적의 성질 중 옳지 않는 것은?
① 근궤적은 실수축에 관해 대칭이다.
② 근궤적은 개루프 전달 함수의 극으로부터 출발한다.
③ 근궤적은 가지수는 특성 정식의 차수와 같다.
④ 점근선은 실수축과 허수축상에서 교차한다.

해설 근궤적의 성질
- 근궤적은 실수축에 관해 대칭
- 근궤적은 개루프 전달 함수의 극으로부터 출발하여 영점에 종착
- 근궤적은 가지수는 특성 정식의 차수와 같다.
- **점근선은 실수축에서만 교차**

【답】④

02 루프 전달 함수가 다음과 같은 제어계의 실수축 상의 근궤적 범위는? 단, $K > 0$

$$G(s)H(s) = \frac{K}{s(s+1)(s+2)}$$

① 0 ~ -1 사이의 실수축상
② -1 ~ -2 사이의 실수축상
③ -2 ~ -∞ 사이의 실수축상
④ 0 ~ -1, -2 ~ -∞ 사이의 실수축상

해설 근궤적 범위 : 홀수 구간 좌측에 존재
0 ~ -1, -2 ~ ∞

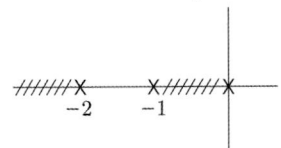

【답】④

03 ★★★★★ $G(s)H(s) = \dfrac{k}{s^2(s+1)^2}$ 에서 근궤적의 수는?

① 4
② 2
③ 1
④ 0

해설 근궤적의 개수
- $Z > P$: $N = Z$
- $Z < P$: $N = P$

영점 $Z = 0$, 극점 $P = 4$이므로
$Z < P$: $N = P$
따라서 근궤적 수 $N = 4$

【답】①

04

$G(s)H(s) = \dfrac{K(s-1)}{s(s+1)(s-4)}$ 에서 점근선의 교차점을 구하면?

① 4
② 3
③ 2
④ 1

해설 근궤적의 점근선의 교차점

$$\sigma = \dfrac{\Sigma G(s)H(s)\text{의 극점} - \Sigma G(s)H(s)\text{의 영점}}{P-Z}$$
$$= \dfrac{(0-1+4)-1}{3-1} = 1$$

【답】 ④

05

$G(s)H(s) = \dfrac{k(s-2)(s-3)}{s^2(s+1)(s+2)(s+4)}$ 에서 점근선의 교차점은 얼마인가?

① -6
② -4
③ 6
④ 4

해설 근궤적의 점근선의 교차점

$$\sigma = \dfrac{\Sigma G(s)H(s)\text{의 극점} - \Sigma G(s)H(s)\text{의 영점}}{P-Z} = \dfrac{(0-0-1-2-4)-(2+3)}{5-2} = -4$$

【답】 ②

06

폐루프 전달 함수 $G(s)$가 $\dfrac{8}{(s+2)^3}$ 인 때 근궤적의 허수축과의 교점이 64이면 이득여유는 몇 [dB]인가?

① 6
② 12
③ 18
④ 24

해설 이득여유 $g \cdot m$(이득여유) $= \dfrac{\text{허수축과의 교차점에서 }K\text{의 값}}{K\text{의 설계값}} = \dfrac{64}{8}$

이득여유를 [dB]로 표시하면
$g \cdot m = 20\log_{10} 8 = 18 [\text{dB}]$

【답】 ③

07

근궤적이 s 평면의 $j\omega$ 축과 교차할 때 폐루프의 제어계는?

① 안정하다.
② 불안정하다.
③ 임계상태이다.
④ 알 수 없다.

해설 근궤적이 허수축($(j\omega)$과 교차 : 임계상태

【답】 ③

08

근궤적은 무엇에 대하여 대칭인가?

① 원점
② 허수축
③ 실수축
④ 대칭성이 없다.

해설 근궤적의 성질
- **근궤적은 실수축에 관해 대칭**
- 근궤적은 개루프 전달 함수의 극으로부터 출발하여 영점에 종착
- 근궤적의 가지수는 특성 정식의 차수와 같다.
- 점근선은 실수축에서만 교차

【답】 ③

09 $G(s)H(s) = \dfrac{K}{s(s+4)(s+5)}$ 의 $K \geqq 0$ 에서의 분지점은?

① -1.47 ② -4.53
③ 1.47 ④ 4.53

해설

근궤적의 실축상에서의 이탈점 : $\dfrac{dK(s)}{ds} = 0$

$1 + G(s)H(s) = 1 + \dfrac{K}{s(s+4)(s+5)} = 0$

$K = -s(s+4)(s+5)$

$K(s) = -s(s+4)(s+5) = -s^3 - 9s^2 - 20s$ 이므로

여기서, $\dfrac{dK(s)}{ds} = -3s^2 - 18s - 20 = 0$ 에서

따라서 $s_1 = -1.47, \ s_2 = -4.53$

그러나 근궤적의 범위가 $0 \sim -4$ 와 $-5 \sim -\infty$ 이므로

실수축 분지점 $s_1 = -1.47$

【답】①

CHAPTER 10 상태 공간법 및 z변환

상태 공간법(State-space method)·z 변환

상태 공간법(State-space method)

상태 공간법은 미분방정식을 상태변수 방법을 사용하는 것을 말하는 것으로 선형제어 시스템을 해석, 설계하는 데에 전달 함수법을 사용하는 것을 고전제어 설계법이라고 한다면 이것을 상태 변수법을 사용하여 시스템을 해석, 설계하는 것은 현대제어 설계법이라고 할 수 있다.2

n차 미분방정식은 n개의 1차 미분방정식들로 분해 될 수 있는데 1차 미분 방정식이 고차 미분방정식보다 해석이 간단하여 제어 시스템의 해석적 연구에 많이 사용된다. 이들 1차 미분방정식을 상태방정식이라 한다. 즉 계통의 상태변수들과 입력들과의 관계를 나타내는 일련의 1차 미분방정식을 상태방정식이라 정의한다. 또한 전달 함수법이 선형 시불변 시스템에 한하여 정의되는 반면 상태변수의 기본특성은 선형과 비선형 시스템 시불변과 시변 시스템이 된다. 그리고 단일 변수와 다변수 시스템이 통일된 방법으로 모두 모델화 할 수 있다.

1 상태방정식(state equation)

일반적으로 선형 시불변 시스템은 상태방정식과 그것의 출력방정식의 두 개의 방정식으로 구성되는데 이를 동적방정식(dynamic equation)이라 하며 다음과 같이 나타낼 수 있다.

상태방정식 : $\dfrac{dx(t)}{dt} = Ax(t) + Bu(t)$

출력방정식 : $y(t) = Cx(t) + Eu(t)$

여기서, $x(t)$ = n×1 상태벡터
A = n×n 계수벡터
B = n×1 계수벡터
$u(t)$ 입력벡터
$y(t)$ 출력벡터

실제로 모든 상태변수들은 쉽게 얻어 질 수도 없고, 간단히 측정되지 않지만 출력변수들은 여러 가지 물리적 방법으로 측정될 수 있거나 얻어질 수 있는 것이어야 한다. 이들 변수들의 임의의 초기시각 t_0에서의 값과 t_0 이후에 인가되는 입력변수의 모든 값이 알려지면 임의시각 $t > t_0$에 대한 이 시스템의 상태를 결정하여 주는 최소개의 변수집합 $x_1(t), x_2(t), \cdots$을 지칭한다.

여기서, 동적방정식을 구성하는 각각의 벡터들은 다음과 같이 나타낼 수 있다.

상태벡터 $x(t) = \begin{bmatrix} x_{1(t)} \\ x_{2(t)} \\ . \\ . \\ x_{n(t)} \end{bmatrix} (n \times 1)$

입력벡터 $u(t) = \begin{bmatrix} u_{1(t)} \\ u_{2(t)} \\ . \\ . \\ u_{p(t)} \end{bmatrix} (p \times 1)$

출력벡터 $y(t) = \begin{bmatrix} y_{1(t)} \\ y_{2(t)} \\ . \\ . \\ y_{q(t)} \end{bmatrix} (q \times 1)$

2 상태방정식을 구하는 방법

상태방정식과 출력방정식을 다음과 같이 간략히 표현하면 다음과 같다.

① 상태방정식 : $\dot{x}(t) = Ax(t) + Bu(t)$
② 출력방정식 : $y(t) = Cx(t) + Du(t)$

    여기서, A는 상태행렬
           B는 입력행렬
            C는 출력행렬
            D는 외란행렬

일반적으로 외란행렬은 잘 사용되지 않는다.

따라서 미분방정식에서 상태방정식 구하는 방법을 간략히 설명하면 다음과 같다.

미분방정식 $\dfrac{d^3 x(t)}{dt^3} + 3\dfrac{d^2 x(t)}{dt^2} + 4\dfrac{dx(t)}{dt} + 5x(t) = 2u(t)$ 에서

상태(state)를 $x(t)$로 선정하면

$x(t) = x_1(t)$

$\dot{x}_1(t) = \dfrac{dx_1(t)}{dt} = x_2(t)$

$\dot{x}_2(t) = \dfrac{dx_2(t)}{dt} = \dfrac{d^2 x_1(t)}{dt^2} = x_3(t)$

$\dot{x}_3(t) = -5x_1(t) - 4x_2(t) - 3x_3(t) + 2u(t)$

따라서 상태방정식으로 계산하면 다음과 같다.

$\begin{bmatrix} \dot{x}_1(t) \\ \dot{x}_2(t) \\ \dot{x}_3(t) \end{bmatrix} = \begin{bmatrix} 0 & 1 & 0 \\ 0 & 0 & 1 \\ -5 & -4 & -3 \end{bmatrix} \begin{bmatrix} x_1(t) \\ x_2(t) \\ x_3(t) \end{bmatrix} + \begin{bmatrix} 0 \\ 0 \\ 2 \end{bmatrix} u(t)$

그러나 이러한 방법으로 상태방정식을 구하는 것은 대단히 복잡하므로 다음과 같이 상태 방정식을 쉽게 구하는 방법을 설명하면

1단계 : 미분방정식의 차수는 시스템 행렬(A)의 차수가 된다.
      2차 미분방정식 : 2×2
      3차 미분방정식 : 3×3

2단계 : 시스템 행렬의 주대각선 바로 위만 1이 되며 맨 아래 행은 비워둔다.

$$\begin{bmatrix} 0 & 1 \\ & \end{bmatrix} \quad \begin{bmatrix} 0 & 1 & 0 \\ 0 & 0 & 1 \\ & & \end{bmatrix}$$

3단계 : 맨 아래 항은 미분방정식의 최고차항을 남기고 이항하여 계수를 역순으로 배치
      이때, 이항되지 않고 남은 항이 입력 항이다.

$$\frac{d^3 x(t)}{dt^3} + 3\frac{d^2 x(t)}{dt^2} + 4\frac{dx(t)}{dt} + 5x(t) = 2u(t)$$

$$\frac{d^3 x(t)}{dt^3} = \underbrace{-3\frac{d^2 x(t)}{dt^2} - 4\frac{dx(t)}{dt} - 5x(t)}_{\text{계수역순으로 사용}} + \underbrace{2u(t)}_{\text{입력}}$$

따라서 $\begin{bmatrix} \dot{x}_1(t) \\ \dot{x}_2(t) \\ \dot{x}_3(t) \end{bmatrix} = \begin{bmatrix} 0 & 1 & 0 \\ 0 & 0 & 1 \\ -5 & -4 & -3 \end{bmatrix} \begin{bmatrix} x_1(t) \\ x_2(t) \\ x_3(t) \end{bmatrix} + \begin{bmatrix} 0 \\ 0 \\ 2 \end{bmatrix} u(t)$

③ 상태공간에서의 전달 함수

상태공간에서의 전달 함수를 구하면 다음과 같다.

상태방정식 $\dfrac{dx(t)}{dt} = Ax(t) + Bu(t)$

출력방정식 $y(t) = Cx(t) + Du(t)$

위의 식의 양변을 라플라스 변환하면

$sX(s) - x(0) = AX(s) + BU(s)$ ············· ①

$Y(s) = CX(s) + DU(s)$ ························· ②

여기서, 전달 함수의 초기값은 0이므로 $x(0) = 0$에서

$(sI - A)X(s) = BU(s)$

$X(s) = (sI - A)^{-1} BU(s)$ 이며

$X(s)$를 ②번 식에 대입하면

$Y(s) = C(sI-A)^{-1}BU(s) + DU(s) = [C(sI-A)^{-1}B + D]U(s)$

따라서 전달 함수는 다음과 같다.

$G(s) = \dfrac{Y(s)}{U(s)} = C(sI-A)^{-1}B + D$

4 특성방정식(characteristic equation)

전달 함수 $G(s) = \dfrac{Y(s)}{U(s)} = C(sI-A)^{-1}B + D$에서

$$G(s) = C(sI-A)^{-1}B + D = C\dfrac{adj(sI-A)}{|sI-A|}B + D$$

특성방정식은 전달 함수의 분모=0인 방정식이므로 다음과 같다.

특성방정식 : $|sI-A| = 0$

여기서, 특성방정식의 근을 고유값(eigenvalue)이라 한다.

5 상태천이행렬(State Transition Matrix) : $\phi(t)$

상태천이행렬은 제차 방정식을 만족하므로 이 행렬은 시스템의 자유응답을 표현한다. 바꾸어 말하면 이 행렬은 오직 초기조건에 의해서 여기되는 응답만을 나타낸다. 또한, 상태천이행렬은 오직 행렬 A에만 종속되므로 A의 상태천이행렬이라 한다. 이것이 의미하듯이 상태천이행렬 $\phi(t)$는 입력이 없을 때 t=0인 초기시작으로부터 임의시간 t까지의 상태의 천이를 완전히 정의한다.

간략히 정리하면 상태천이행렬은 시스템의 기본행렬이며 자유응답(영입력응답) 또는, 초기값에 의한 응답으로 입력을 0으로 하여 초기 값에 의한 응답(Zero-input Response)에 해당한다.

상태천이행렬을 구하는 방법은 다음과 같다.

① 상태방정식 $\dfrac{dx(t)}{dt} = Ax(t) + Bu(t)$에서 입력이 0이므로

$\dfrac{dx(t)}{dt} = Ax(t)$이며

양변을 라플라스 변환하면

$sX(s) - x(0) = AX(s)$

$(s-A)X(s) = x(0)$

$X(s) = \dfrac{1}{s-A}x(0)$

역라플라스 변환하면

$x(t) = e^{At}x(0)$이며

따라서 상태천이행렬 $\phi(t) = e^{At}$가 된다.

여기서, $\phi(t) = e^{At} = I + At + \dfrac{A^2 t^2}{2!} + \dfrac{A^3 t^3}{3!} + \cdots$

② 상태방정식 $\dfrac{d}{dt}x(t) = Ax(t) + Bu(t)$를

라플라스 변환하면

$sX(s) - x(0) = AX(s) + BU(s)$에서

$X(s) = (sI-A)^{-1}x(0) + (sI-A)^{-1}BU(s)$

역라플라스 변환하면

$X(s) = \mathcal{L}^{-1}[(sI-A)^{-1}]x(0) + \mathcal{L}^{-1}[(sI-A)^{-1}]BU(s)$

$$x(t) = \phi(t)x(0) + \int_0^t \phi(t-\tau)Bu(\tau)d\tau \quad t > 0$$

따라서 상태천이행렬 $\phi(t) = \mathcal{L}^{-1}[(sI-A)^{-1}]$

② 천이행렬의 성질 $\phi(0) = I$

$\phi(t_2 - t_0) = \phi(t_2 - t_1)\phi(t_1 - t_0)$

$[\phi(t)]^k = \phi(kt)$

$\phi^{-1}(t) = \phi(-t)$

예) $\begin{bmatrix} X_1 \\ X_2 \end{bmatrix} = \begin{bmatrix} 0 & 1 \\ -2 & -3 \end{bmatrix} \begin{bmatrix} X_1 \\ X_2 \end{bmatrix}$ 의 상태천이행렬

상태천이행렬 $\phi(t) = \mathcal{L}^{-1}[(sI-A)^{-1}]$

① $[sI-A] = \begin{bmatrix} s & 0 \\ 0 & s \end{bmatrix} - \begin{bmatrix} 0 & 1 \\ -2 & -3 \end{bmatrix} = \begin{bmatrix} s & -1 \\ 2 & s+3 \end{bmatrix}$

② $[sI-A]^{-1} = \dfrac{1}{\begin{bmatrix} s & -1 \\ 2 & s+3 \end{bmatrix}} \begin{bmatrix} s+3 & 1 \\ -2 & s \end{bmatrix}$

$= \dfrac{1}{s^2 + 3s + 2} \begin{bmatrix} s+3 & 1 \\ -2 & s \end{bmatrix} = \begin{bmatrix} \dfrac{s+3}{(s+1)(s+2)} & \dfrac{1}{(s+1)(s+2)} \\ \dfrac{-2}{(s+1)(s+2)} & \dfrac{s}{(s+1)(s+2)} \end{bmatrix}$

③ $\mathcal{L}^{-1}\{[sI-A]^{-1}\} = \begin{bmatrix} 2e^{-t} - e^{-2t} & e^{-t} - e^{-2t} \\ -2e^{-t} + 2e^{-2t} & e^{-t} + 2e^{-2t} \end{bmatrix}$

따라서 $\phi(t) = \mathcal{L}^{-1}[(sI-A)^{-1}] = \begin{bmatrix} 2e^{-t} - e^{-2t} & e^{-t} - e^{-2t} \\ -2e^{-t} + 2e^{-2t} & e^{-t} + 2e^{-2t} \end{bmatrix}$

6 가제어성과 가관측성

가제어성과 가관측성 조건은 특히 다변수 시스템(multi variable system)에서 최적제어 문제의 해 존재 여부를 결정하는 데에 쓰인다. 즉, 시스템의 가제어성 조건은 임의로 시스템의 고유치를 변화시키기 위한 상태궤환 해의 존재여부와 밀접한 관계가 있으며, 가관측성의 개념은 일반적으로 측정될 수 있는 출력들로부터 상태변수를 관측 또는 예측할 수 있는지를 밝혀내는 조건과 관계가 있다.

가제어성과 가관측성을 판별하는 방법은 다음과 같다.

① 가제어 : 시스템의 입력을 통하여 출력을 유추할 수 있는 시스템

가제어 판별식 : $[B \; AB \; A^2B \; \cdots]$ 에서 행렬식이 0이 아니면 가제어 성립

② 가관측 : 시스템의 출력을 통하여 입력을 유추할 수 있는 시스템

가관측 판별식 : $\begin{bmatrix} C \\ CA \\ CA^2 \\ \vdots \end{bmatrix}$ 에서 행렬식이 0이 아니면 가관측 성립

예 $A = \begin{bmatrix} -1 & 1 \\ 0 & -3 \end{bmatrix}$, $B = \begin{bmatrix} 0 \\ 1 \end{bmatrix}$, $C = \begin{bmatrix} 0 & 1 \end{bmatrix}$에서 가관측, 가제어

판별식 $[B\ AB] = \begin{bmatrix} 0 & 1 \\ 1 & -3 \end{bmatrix}$ 행렬식이 0이 아니므로 가제어 성립

판별식 $\begin{bmatrix} C \\ CA \end{bmatrix} = \begin{bmatrix} 0 & 1 \\ 0 & -3 \end{bmatrix}$에서 행렬식이 0이므로 가관측 성립 안함

예 $\dot{x} = \begin{bmatrix} -1 & 1 & 0 \\ 0 & -1 & 0 \\ 0 & 0 & -2 \end{bmatrix} x + \begin{bmatrix} 0 \\ 1 \\ 1 \end{bmatrix} U$ $y = [0\ 1\ 1]x$에서 가관측, 가제어

$A^2 = \begin{bmatrix} -1 & 1 & 0 \\ 0 & -1 & 0 \\ 0 & 0 & -2 \end{bmatrix} \begin{bmatrix} -1 & 1 & 0 \\ 0 & -1 & 0 \\ 0 & 0 & -2 \end{bmatrix} = \begin{bmatrix} 1 & -2 & 0 \\ 0 & 1 & 0 \\ 0 & 0 & 4 \end{bmatrix}$

$[B\ AB\ A^2B] = \begin{bmatrix} 0 & 1 & -2 \\ 1 & -1 & 1 \\ 1 & -2 & 4 \end{bmatrix}$: 행렬식이 0이 아니므로 가제어 성립

$\begin{bmatrix} C \\ CA \\ CA^2 \end{bmatrix} = \begin{bmatrix} 0 & 1 & 1 \\ 0 & -1 & -2 \\ 0 & 1 & 4 \end{bmatrix}$: 행렬식이 0이므로 가관측 성립하지 않음

z 변환

연속시간 시스템은 미분방정식으로 나타내지는 데 비하여 이산시간(discrete time) 시스템은 차분방정식으로 표현된다. 또한 라플라스 변환이 미분방정식의 해를 구하는데 사용되는 반면에 z 변환은 차분방정식과 이산 시스템의 해석 및 설계에 이용된다. 또한 z 변환은 실시간 영역에 있는 연속적인 값들을 복소영역 z 의 값들로 바꾸어주는 것으로, 차분방정식으로 나타나는 이산시간 선형시불변 시스템의 해석에 사용된다.
z 변환의 정의는 다음과 같다.

기본식 : $z[f(kT)] = \sum_{k=0}^{\infty} f(kT)z^{-k}$

1 기본함수의 z 변환

① 단위계단함수 : $u(t) = 1$

다음 그림과 같은 단위 계단 함수를 z 변환하면 다음과 같다.

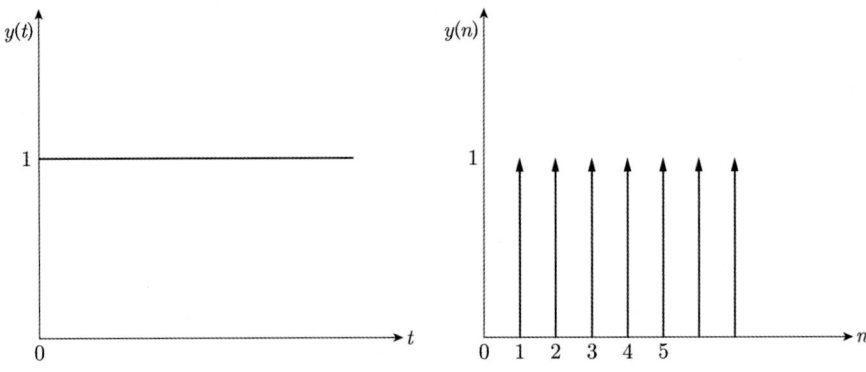

여기서, $f(kT) = 1$이므로

$$z[f(kT)] = \sum_{k=0}^{\infty} f(kT) z^{-k}$$

$$= \sum_{k=0}^{\infty} 1 \cdot z^{-k}$$

$$= 1 + z^{-1} + z^{-2} + z^{-3} + \cdots$$

$$= \frac{1}{1-z^{-1}} = \frac{1}{1-\frac{1}{z}} = \frac{z}{z-1}$$

② 지수함수 : $f(kT) = e^{-akT}$

$$z[f(kT)] = \sum_{k=0}^{\infty} f(kT) z^{-k}$$

$$= \sum_{k=0}^{\infty} e^{-akT} \cdot z^{-k}$$

$$= 1 + e^{-aT} z^{-1} + e^{-2T} z^{-2} + e^{-3T} z^{-3} + \cdots$$

$$= \frac{1}{1-e^{-aT} z^{-1}} = \frac{z}{z-e^{-aT}}$$

③ 임펄스함수

다음 그림과 같은 임펄스 함수를 z 변환하면 다음과 같다.

$$\delta(k) = \begin{pmatrix} 1, & k=0 \\ 0, & k \neq 0 \end{pmatrix}$$

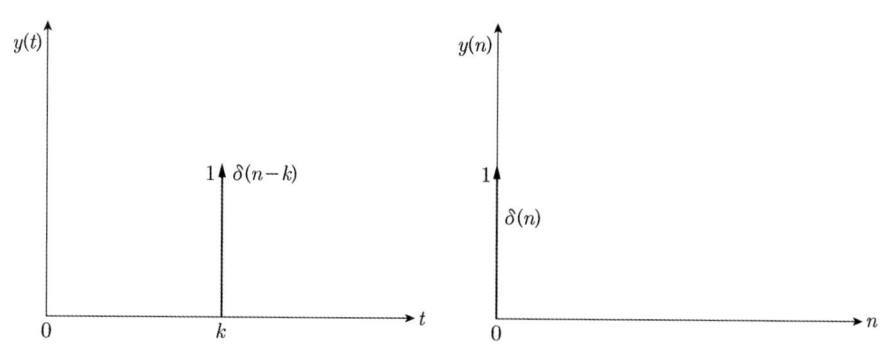

【 단위 임펄스 함수 】

$$z[f(kT)] = \sum_{k=0}^{\infty} f(kT) z^{-k}$$

$$= \sum_{k=0}^{\infty} \delta(k) \cdot z^{-k} \quad \text{여기서, } \delta(k) = \begin{pmatrix} 1, & k=0 \\ 0, & k \neq 0 \end{pmatrix} \text{이므로}$$

$$= 1 + 0 + 0 + \cdots = 1$$

④ 단위 램프함수

다음 그림과 같은 임펄스 함수를 z변환하면 다음과 같다.

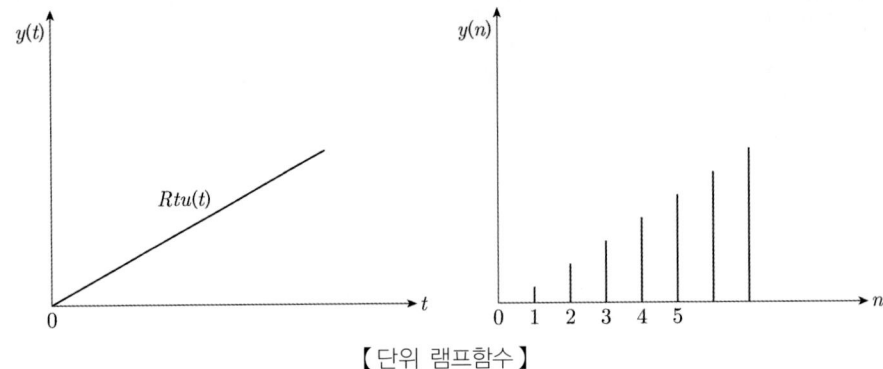

【단위 램프함수】

여기서, $f(kT) = kT$이므로

$$z[f(kT)] = \sum_{k=0}^{\infty} f(kT)z^{-k}$$

$$= \sum_{k=0}^{\infty} kT \cdot z^{-k}$$

$$= 0 + z^{-1} + z^{-2} + z^{-3} + \cdots$$

$$= z^{-1} + 2z^{-2} + 3z^{-3} + 4z^{-4} + \cdots = \frac{z}{(z-1)^2}$$

여기서, $Y(z) = z^{-1} + 2z^{-2} + 3z^{-3} + 4z^{-4} + \cdots$ ①

$z^{-1}Y(z) = z^{-2} + 2z^{-3} + 3z^{-4} + \cdots$ ②

이라면 ①번식에서 ②번식을 빼면,

$$(1 - z^{-1})Y(z) = z^{-1} + z^{-2} + z^{-3} + z^{-4} + \cdots = \frac{z^{-1}}{(1-z^{-1})}$$

$$Y(z) = \frac{z^{-1}}{(1-z^{-1})^2} = \frac{z}{(z-1)^2}$$

기본함수의 z변환을 정리하면 다음과 같다.

$f(t)$		$F(z)$
단위 임펄스함수	$\delta(t)$	1
단위계단함수	$u(t)$	$\dfrac{z}{z-1}$
램프함수	t	$\dfrac{Tz}{(z-1)^2}$
지수함수	e^{-at}	$\dfrac{z}{z-e^{-at}}$

2 z변환의 정리들

z변환의 여러 정리들은 다음과 같다.

① 최종값 정리
$$x(\infty) = \lim_{z \to 1}(1-z^{-1})X(z) = \lim_{z \to 1}(1-z^{-1})X(z)$$

② 초기값 정리
$$x(0) = \lim_{t \to 0} x(t) = \lim_{z \to \infty} X(z)$$

③ 시간이동정리
$$z[y(k-n)] = Y(z)z^{-n}$$
$$z[y(k+n)] = z^n \left[Y(z) - \sum_{k=0}^{n-1} y(k)z^{-k} \right]$$

3 역z변환

역z변환은 부분분수를 이용하며 $\dfrac{R(z)}{z}$의 형태를 이용하여 구하게 된다.

$$R(z) = \frac{(1-e^{-aT})z}{(z-1)(z-e^{-aT})}$$

역z변환은 $\dfrac{R(z)}{z}$의 형태를 이용하여 부분분수 전개하면

$$R(z) = \frac{(1-e^{-aT})z}{(z-1)(z-e^{-aT})} \text{ 에서}$$

$$\frac{R(z)}{z} = \frac{(1-e^{-aT})}{(z-1)(z-e^{-aT})} = \frac{k_1}{z-1} + \frac{k_2}{z-e^{-aT}}$$

여기서, $k_1 = \lim\limits_{z \to 1} \dfrac{1-e^{-aT}}{z-e^{-aT}} = 1$

$k_2 = \lim\limits_{z \to e^{-aT}} \dfrac{1-e^{-aT}}{z-1} = -1$ 에서

$$\frac{R(z)}{z} = \frac{1}{z-1} - \frac{1}{z-e^{-aT}} \text{ 이므로}$$

$$R(z) = \frac{z}{z-1} - \frac{z}{z-e^{-aT}}$$

따라서 $r(t) = 1 - e^{-aT}$ 가 된다.

예 $Y(z) = \dfrac{2z}{(z-1)(z-2)}$ 의 역z변환

역z변환은 $\dfrac{Y(z)}{z}$의 형태를 이용하여 부분분수 전개하면

$$Y(z) = \frac{2z}{(z-1)(z-2)}$$ 에서

$$\frac{Y(z)}{z} = \frac{2}{(z-1)(z-2)} = \frac{k_1}{z-1} + \frac{k_2}{z-2}$$

여기서, $k_1 = \lim_{z \to 1} \frac{2}{z-2} = -2$

$k_2 = \lim_{z \to 2} \frac{2}{z-1} = 2$ 에서

$$\frac{Y(z)}{z} = \frac{-2}{z-1} + \frac{2}{z-2}$$ 이므로

따라서 $y(t) = -2u(t) + 2u(2t)$ 가 된다.

4 s평면과 z평면과의 관계

이산시간 수열 $y(k)$ (여기서 $k = 0, 1, 2, \cdots$) 에 대한 z변환은 다음과 같이 정의된다.

$$Y(z) = Z[y(k)] = \sum_{k=0}^{\infty} y(k) z^{-k}$$

수열 $y(k)$ (여기서 $k = 0, 1, 2, \cdots$)를 시간간격 T로 샘플링 된 임펄스 열로 나타낼 수 있다. 따라서 K번째 임펄스 $\delta(t - KT)$는 $y(kT)$의 값을 갖는다.

이것은 샘플치 제어 시스템에서 나타나는데 신호 $y(t)$는 샘플링 신호를 나타내는 시간의 수열을 갖도록 모든 시간 T에서 이산화 되거나 샘플링 된다.

따라서 수열 $y(kT)$는 다음과 같이 나타낼 수 있다.

$$y^*(t) = \sum_{k=0}^{\infty} \delta(t - kT) \quad \text{여기서, *는 샘플링된 값을 나타낸다.}$$

이 식을 라플라스 변환하면

$$Y^*(s) = \mathcal{L}[y^*(t)] = \sum_{k=0}^{\infty} Y(kT) e^{-kTs}$$

위의 두 식을 비교하면 z변환은 라플라스 변환과 다음과 같은 관계가 있음을 알 수 있다.
$z = e^{Ts}$

여기서, $z = e^{Ts}$ 이므로

$Ts = \log_e z$

$s = \frac{1}{T} \ln z$

따라서 z변환은 라플라스의 s 대신 $\frac{1}{T} \ln z$를 대입한 것으로 s평면과 z평면과의 관계는 다음과 같다.

- s평면의 좌반면 : z평면상에서는 단위원의 내부에 사상(안정)
- s평면의 우반면 : z평면상에서는 단위원의 외부에 사상(불안정)
- s평면의 허수축 : z평면상에서는 단위원의 원주상에 사상(임계)

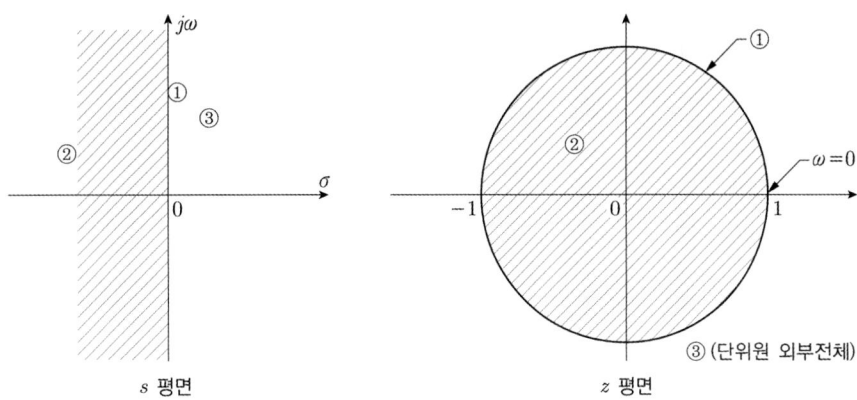

س 평면   z 평면

5 z변환의 전달함수

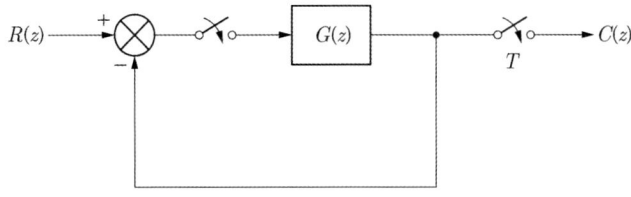

z변환의 전달함수는 연속치를 샘플링한 것은 이산치로 볼 수 있으므로

따라서 z변환에서의 전달함수 $T(z) = \dfrac{C(z)}{R(z)} = \dfrac{G(z)}{1+G(z)}$

이론 요약

1. 상태방정식
① 상태방정식 : $\dot{x}(t) = Ax(t) + Bu(t)$
② 출력방정식 : $y(t) = Cx(t)$
③ 특성방정식 : $|sI - A| = 0$ 특성방정식의 근 : 고유값

2. 상태천이행렬 : 시스템의 초기상태에 의한 응답
① 일반식 : $\phi(t) = \mathcal{L}^{-1}\{[sI - A]^{-1}\}$
$\phi(t) = e^{At}x(0)$
② 천이행렬의 성질
- $\phi(0) = I$
- $\phi(t_2 - t_0) = \phi(t_0 - t_1)\phi(t_1 - t_2)$
- $\phi(t + \tau) = \phi(t)\phi(\tau)$
- $\phi^{-1}(t) = \phi(-t)$

3. z 변환 : $z[f(kT)] = \sum_{k=0}^{\infty} f(kT)z^{-k}$

① 기본 함수의 z 변환

$f(t)$	$F(s)$	$F(z)$
$\delta(t)$	1	1
$u(t)$	$\dfrac{1}{s}$	$\dfrac{z}{z-1}$
t	$\dfrac{1}{s^2}$	$\dfrac{Tz}{(z-1)^2}$
e^{-at}	$\dfrac{1}{s+a}$	$\dfrac{z}{z-e^{-at}}$

② 초기값 정리와 최종값 정리

초기값 정리	$f(0_+) = \lim_{t \to 0} f(t) = \lim_{z \to \infty} F(z)$
최종값 정리	$f(\infty) = \lim_{t \to \infty} f(t) = \lim_{z \to 1}(1 - z^{-1})F(z)$

③ z 평면과 s 평면의 관계 : s 대신 $\dfrac{1}{T}\ln z$ 를 대입

④ 안정도 판별법
- s 평면의 좌반면 : z 평면상에서는 단위원의 내부에 사상(안정 영역)
- s 평면의 우반면 : z 평면상에서는 단위원의 외부에 사상(불안정 영역)
- s 평면의 허수축 : z 평면상에서는 단위원의 원주상에 사상(임계 영역)

⑤ 역 z 변환 : $\dfrac{R(z)}{z}$ 를 이용하여 부분분수 전개

CHAPTER 10 필수 기출문제

꼭! 나오는 문제만 간추린

01 상태방정식 $\dot{x}(t) = Ax(t) + Br(t)$ 인 제어계의 특성방정식은?
① $|sI-B| = I$
② $|sI-A| = I$
③ $|sI-B| = 0$
④ $|sI-A| = 0$

해설 상태방정식 $\dot{x}(t) = Ax(t) + Br(t)$ 인 제어 시스템
- 특성방정식 : $|sI-A| = 0$
- 특성방정식의 근 : 고유값

【답】 ④

02 상태방정식 $\dot{X} = AX + BU$에서 $A = \begin{bmatrix} 0 & 1 \\ -2 & -3 \end{bmatrix}$, $B = \begin{bmatrix} 0 \\ 1 \end{bmatrix}$ 일 때 고유값은?
① $-1, -2$
② $1, 2$
③ $-2, -3$
④ $2, 3$

해설 특성방정식 $|sI-A| = 0$
$|sI-A| = \begin{bmatrix} s & 0 \\ 0 & s \end{bmatrix} - \begin{bmatrix} 0 & 1 \\ -2 & -3 \end{bmatrix} = \begin{vmatrix} s & -1 \\ 2 & s+3 \end{vmatrix} = s^2 + 3s + 2$
$s^2 + 3s + 2 = (s+1)(s+2) = 0$
따라서 고유값 $s = -1, -2$

【답】 ①

03 미분방정식 $\ddot{x} + 2\dot{x} + 5x = r(t)$로 표시되는 계의 상태 방정식을 $\dot{x} = Ax + Bu$라 하면 계수 행렬 A, B는? 단, $x_1 = x$, $x_2 = \dot{x}_1$ 임

① $\begin{bmatrix} 0 & 1 \\ -5 & -2 \end{bmatrix} \begin{bmatrix} 0 \\ 1 \end{bmatrix}$
② $\begin{bmatrix} 1 & 0 \\ -5 & -2 \end{bmatrix} \begin{bmatrix} 1 \\ 0 \end{bmatrix}$
③ $\begin{bmatrix} 0 & 1 \\ -2 & -5 \end{bmatrix} \begin{bmatrix} 0 \\ 1 \end{bmatrix}$
④ $\begin{bmatrix} 1 & 0 \\ -2 & -5 \end{bmatrix} \begin{bmatrix} 1 \\ 0 \end{bmatrix}$

해설 상태방정식 $x(t) = x_1(t)$로 선정하면 $\dot{x}_1(t) = x_2(t)$
$\dot{x}_2(t) = -5x_1(t) - 2x_2(t) + r(t)$
따라서 상태방정식으로 계산하면 $\begin{bmatrix} \dot{x}_1(t) \\ \dot{x}_2(t) \end{bmatrix} = \begin{bmatrix} 0 & 1 \\ -5 & -2 \end{bmatrix} \begin{bmatrix} x_1(t) \\ x_2(t) \end{bmatrix} + \begin{bmatrix} 0 \\ 1 \end{bmatrix} r(t)$

【답】 ①

04 다음 계통의 상태방정식을 유도하면? 단, 상태변수를 $x_1 = x$, $x_2 = \dot{x}$, $x_3 = \ddot{x}$로 놓았다.

$$\dddot{x} + 5\ddot{x} + 10\dot{x} + 5x = 2u$$

① $\begin{bmatrix}\dot{x}_1\\\dot{x}_2\\\dot{x}_3\end{bmatrix}=\begin{bmatrix}0 & 1 & 0\\0 & 0 & 1\\-5 & -10 & -5\end{bmatrix}\begin{bmatrix}x_1\\x_2\\x_3\end{bmatrix}+\begin{bmatrix}0\\0\\2\end{bmatrix}u$ ② $\begin{bmatrix}\dot{x}_1\\\dot{x}_2\\\dot{x}_3\end{bmatrix}=\begin{bmatrix}0 & 1 & 0\\0 & 0 & 1\\-5 & -10 & -5\end{bmatrix}\begin{bmatrix}x_1\\x_2\\x_3\end{bmatrix}+\begin{bmatrix}2\\0\\0\end{bmatrix}u$

③ $\begin{bmatrix}\dot{x}_1\\\dot{x}_2\\\dot{x}_3\end{bmatrix}=\begin{bmatrix}-5 & 0 & 1\\-10 & 1 & 0\\-5 & 0 & 1\end{bmatrix}\begin{bmatrix}x_1\\x_2\\x_3\end{bmatrix}+\begin{bmatrix}2\\0\\0\end{bmatrix}u$ ④ $\begin{bmatrix}\dot{x}_1\\\dot{x}_2\\\dot{x}_3\end{bmatrix}=\begin{bmatrix}-5 & 0 & 1\\-10 & 1 & 0\\-5 & 0 & 0\end{bmatrix}\begin{bmatrix}x_1\\x_2\\x_3\end{bmatrix}+\begin{bmatrix}0\\2\\0\end{bmatrix}u$

해설 상태방정식
$x(t)=x_1(t)$로 선정하면
$\dot{x}_1(t)=x_2(t)$
$\dot{x}_2(t)=x_3(t)$
$\dot{x}_3(t)=-5x_1(t)-10x_2(t)-5x_3(t)+2u(t)$
따라서 상태방정식으로 계산하면
$\begin{bmatrix}\dot{x}_1(t)\\\dot{x}_2(t)\\\dot{x}_3(t)\end{bmatrix}=\begin{bmatrix}0 & 1 & 0\\0 & 0 & 1\\-5 & -10 & -5\end{bmatrix}\begin{bmatrix}x_1(t)\\x_2(t)\\x_3(t)\end{bmatrix}+\begin{bmatrix}0\\0\\2\end{bmatrix}u(t)$

【답】①

05 다음 계통의 상태 천이 행렬 $\Phi(t)$를 구하면?

$$\begin{bmatrix}\dot{X}_1\\\dot{X}_2\end{bmatrix}=\begin{bmatrix}0 & 1\\-2 & -3\end{bmatrix}\begin{bmatrix}X_1\\X_2\end{bmatrix}$$

① $\begin{bmatrix}2e^{-t}-e^{2t} & e^{-t}-e^{2t}\\-2e^{-t}+2e^{2t} & -e^{t}+2e^{2t}\end{bmatrix}$ ② $\begin{bmatrix}2e^{t}+e^{2t} & -e^{-t}+e^{-2t}\\2e^{t}-2e^{2t} & e^{-t}-2e^{-2t}\end{bmatrix}$

③ $\begin{bmatrix}-2e^{-t}+e^{-2t} & -e^{-t}-e^{-2t}\\-2e^{-t}-2e^{-2t} & -e^{-t}-2e^{-2t}\end{bmatrix}$ ④ $\begin{bmatrix}2e^{-t}-e^{-2t} & e^{-t}-e^{-2t}\\-2e^{-t}+2e^{-2t} & -e^{-t}+2e^{-2t}\end{bmatrix}$

해설 상태 천이 행렬 $\Phi(t)=\mathcal{L}^{-1}[(sI-A)^{-1}]$
① $[sI-A]=\begin{bmatrix}s & 0\\0 & s\end{bmatrix}-\begin{bmatrix}0 & 1\\-2 & -3\end{bmatrix}=\begin{bmatrix}s & -1\\2 & s+3\end{bmatrix}$
② $\Phi(s)=[sI-A]^{-1}=\dfrac{1}{\begin{vmatrix}s & -1\\2 & s+3\end{vmatrix}}\begin{bmatrix}s+3 & 1\\-2 & s\end{bmatrix}$
$=\dfrac{1}{s^2+3s+2}\begin{bmatrix}s+3 & 1\\-2 & s\end{bmatrix}=\begin{bmatrix}\dfrac{s+3}{(s+1)(s+2)} & \dfrac{1}{(s+1)(s+2)}\\\dfrac{-2}{(s+1)(s+2)} & \dfrac{s}{(s+1)(s+2)}\end{bmatrix}$
③ $\Phi(t)=\mathcal{L}^{-1}\{[sI-A]^{-1}\}=\begin{bmatrix}2e^{-t}-e^{-2t} & e^{-t}-e^{-2t}\\-2e^{-t}+2e^{-2t} & -e^{-t}+2e^{-2t}\end{bmatrix}$

【답】④

06 ★★★★★ 단위 계단 함수의 라플라스 변환과 z변환 함수는 어느 것인가?

① $\dfrac{1}{s}$, $\dfrac{z}{z-1}$ ② s, $\dfrac{z}{z-1}$

③ $\dfrac{1}{s}$, $\dfrac{z-1}{z}$ ④ s, $\dfrac{z-1}{z}$

해설 기본함수의 z변환

$f(t)$	$F(s)$	$F(z)$
$\delta(t)$	1	1
$u(t)$	$\dfrac{1}{s}$	$\dfrac{z}{z-1}$

【답】①

07 z변환 함수 $\dfrac{z}{z-e^{-at}}$ 에 대응되는 라플라스 변환과 이에 대응되는 시간함수는?

① $1/(s+a)^2,\ te^{-at}$
② $1/(1-e^{-ts}),\ \sum_{n=0}^{\infty}\delta(t-nT)$
③ $a/s(s+a),\ 1-e^{-at}$
④ $1/(s+a),\ e^{-at}$

해설 기본함수의 z변환

$f(t)$	$F(s)$	$F(z)$
e^{-at}	$\dfrac{1}{s+a}$	$\dfrac{z}{z-e^{-at}}$

【답】④

08 신호 $x(t)$가 다음과 같을 때의 z변환 함수는 어느 것인가? 단, 신호 $x(t)$이며 이상(理想) 샘플러의 샘플 주기는 T[s]이다.

$$x(t)=0 \quad t<0$$
$$x(t)=e^{-at} \quad t\geq 0$$

① $(1-e^{-aT})z/(z-1)(z-e^{-aT})$
② $z/z-1$
③ $z/(z-e^{-aT})$
④ $Tz/(z-1)^2$

해설 기본함수의 z 변환

$f(t)$	$F(s)$	$F(z)$
e^{-at}	$\dfrac{1}{s+a}$	$\dfrac{z}{z-e^{-at}}$

【답】③

09 $R(z) = \dfrac{(1-e^{-aT})z}{(z-1)(z-e^{-aT})}$ 의 역변환은?

① $1-e^{-aT}$
② $1+e^{-aT}$
③ te^{-aT}
④ te^{aT}

해설 역z변환은 $\dfrac{R(z)}{z}$ 의 형태를 이용하여 부분분수 전개하면

$R(z)=\dfrac{(1-e^{-aT})z}{(z-1)(z-e^{-aT})}$ 에서

$\dfrac{R(z)}{z}=\dfrac{(1-e^{-aT})}{(z-1)(z-e^{-aT})}=\dfrac{k_1}{z-1}+\dfrac{k_2}{z-e^{-aT}}$

여기서, $k_1=\lim_{z\to 1}\dfrac{1-e^{-aT}}{z-e^{-aT}}=1 \quad k_2=\lim_{z\to e^{-aT}}\dfrac{1-e^{-aT}}{z-1}=-1$ 에서

$\dfrac{R(z)}{z}=\dfrac{1}{z-1}-\dfrac{1}{z-e^{-aT}}$ 이므로 $R(z)=\dfrac{z}{z-1}-\dfrac{z}{z-e^{-aT}}$

따라서 $r(t) = 1 - e^{-aT}$가 된다. 【답】①

10 샘플러의 주기를 T라 할 때 s-평면상의 모든 점은 식 $z = e^{sT}$에 의하여 z-평면상에 사상된다. s-평면의 좌반평면상의 모든 점은 z-평면상 단위원의 어느 부분으로 사상되는가?
① 내점
② 외점
③ 원주상의 점
④ Z-평면 전체

해설 z평면과 s평면의 관계
- s평면의 좌반면 : z 평면상에서는 단위원의 내부에 사상(안정)
- s평면의 우반면 : z 평면상에서는 단위원의 외부에 사상(불안정)
- s평면의 허수축 : z 평면상에서는 단위원의 원주상에 사상(임계)

【답】①

11 s 평면의 우반면은 z평면의 어느 부분으로 사상(mapping)되는가?
① z 평면의 좌반면
② z 평면의 우반면
③ z 평면의 원점에 중심을 둔 단위원 내부
④ z 평면의 원점에 중심을 둔 단위원 외부

해설 s평면의 우반면 : z 평면상에서는 단위원의 외부에 사상(불안정)

【답】④

12 z 평면상의 원점에 중심을 둔 단위 원주상에 mapping되는 것은 s 평면의 어느 성분인가?
① 양의 반평면
② 음의 반평면
③ 실수축
④ 허수축

해설 s평면의 허수축 : z평면상에서는 단위원의 원주상에 사상(임계)

【답】④

13 z 변환법을 사용한 샘플값 제어계가 안정하려면 $1 + GH(z) = 0$의 근의 위치는?
① z 평면의 좌반면에 존재하여야 한다.
② z 평면의 우반면에 존재하여야 한다.
③ $|z| = 1$인 단위원 내에 존재하여야 한다.
④ $|z| = 1$인 단위원 밖에 존재하여야 한다.

해설 z평면과 s평면의 관계
- s 평면의 좌반면 : Z 평면상에서는 단위원의 내부에 사상(안정)
- s평면의 허수축 : Z 평면상에서는 단위원의 원주상에 사상(임계)

【답】③

14 샘플값(sampled-data) 제어 계통이 안정되기 위한 필요충분조건은?
① 전체(over-all) 전달 함수의 모든 극점이 z평면의 원점에 중심을 둔 단위원 내부에 위치해야 한다.
② 전체 전달 함수의 모든 영점이 z평면의 원점에 중심을 둔 단위원 내부에 위치해야 한다.
③ 전체 전달 함수의 모든 극점이 z평면 좌반면에 위치해야 한다.
④ 전체 전달 함수의 모든 영점이 z평면 우반면에 위치해야 한다.

해설 z평면과 s평면의 관계
▶ s대신 $\frac{1}{T}\ln z$를 대입
- s 평면의 좌반면 : z평면상에서는 단위원의 내부에 사상(안정)

【답】①

CHAPTER 11 시퀀스제어

시퀀스(Sequence)제어 · 시퀀스 제어의 구성요소 · 기본회로 · 논리 변환과 논리 연산 · 반가산기(Half Adder)

시퀀스(Sequence)제어

시퀀스(Sequence)제어는 미리 정해 놓은 순서, 또는 일정한 논리에 의하여 정해진 순서에 따라서 제어의 각 단계를 순차적으로 진행하는 제어방식으로 자동판매기, 엘리베이터 등 광범위한 분야에 사용되고 있다.

시퀀스 제어의 구성요소

시퀀스(Sequence)제어의 구성요소는 다음과 같다.

1 사용 기구
① 입력 기구 : 수동 스위치 PBS(Push Button Switch), 검출 스위치
② 출력 기구 : MC(전자 접촉기), SV(전자 밸브), SOL(솔레노이드), Lamp, BZ(부저)등
③ 보조 기구 : 보조 릴레이, 타이머 릴레이, 논리 IC 소자 등

2 접점(Contact)
① a 접점

a 접점은 상시에 개로되어 있으며 순시(릴레이 동작)폐로 동작을 수행하며 평상시에는 떨어져 있으나 제어신호가 있는 경우 동작하여 투입되는 접점을 말한다.

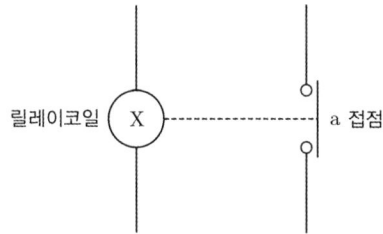

② b 접점

b 접점은 상시에 폐로되어 있으며 순시(릴레이 동작)개로 동작을 수행하며 평상시에는 연결되어 있으나 제어신호가 있는 경우 동작하여 개로되는 접점을 말한다.

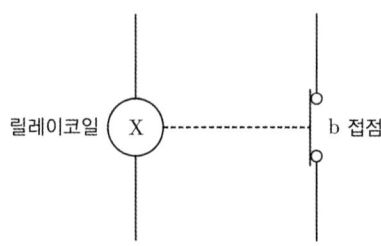

③ c 접점

a 접점과 b 접점과의 절체 접점으로 트랜스퍼(Transfer) 접점이라 한다.

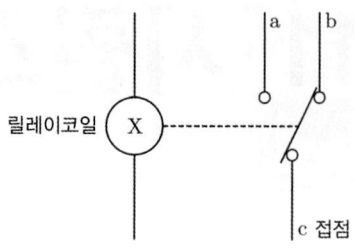

③ 누름 버튼 스위치(PBS : Push Button Switch)

누름 버튼 스위치는 회로의 개폐 또는 접속 변경 등의 입력 기구로 사용되며 누를 때만 1이 되고 손을 놓으면 0이 된다.

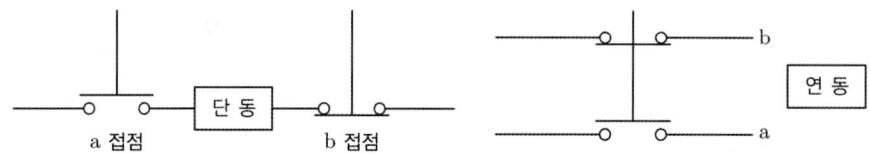

④ 검출스위치

검출스위치는 회로 외부에서 상태 변화를 검출하는 장치이며 센서와 같은 동작원리를 가진다.

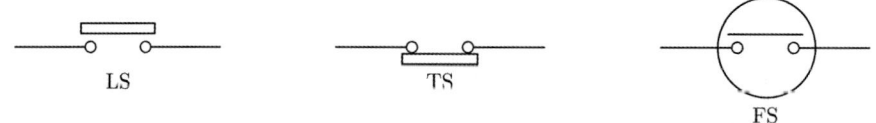

⑤ 전자 계전기(Relay)

전자계전기는 전자력에 의하여 접점을 개폐하는 기능을 갖는 제어 기구이다.

기본회로

시퀀스 제어에 사용되는 기본회로는 크게 접점이 있는 유접점 회로와 접점이 없이 논리 Gate형태로 되어 있는 무접점 회로로 구성된다.

① AND 회로

① 동작사항 : 입력 A, B가 동시에 인가될 때 출력 X가 생기는 회로

② 논리기호와 논리식
 • 논리식 : $X = A \cdot B$

 • 논리기호 :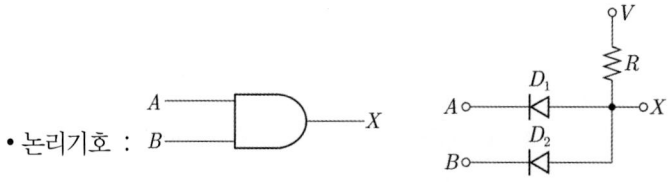

③ 회로와 타임차트

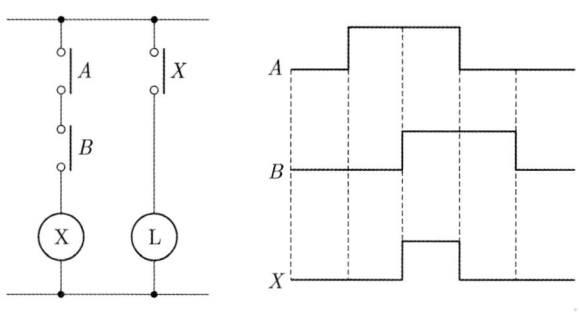

④ 진리표

A	B	X
0	0	0
0	1	0
1	0	0
1	1	1

2 OR 회로

① 동작사항 : 입력 A, B 중 둘 중 하나 이상의 입력이 인가될 때 출력 X가 생기는 회로

② 논리기호와 논리식
  - 논리식 : $X = A + B$
  - 논리기호 :

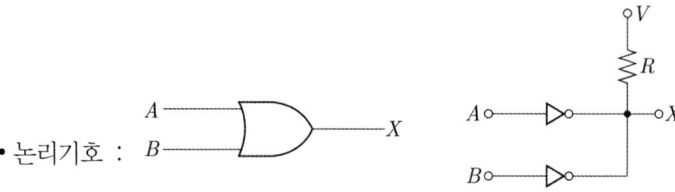

③ 회로와 타임 차트

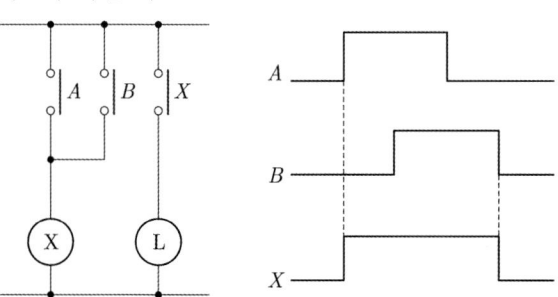

④ 진리표

A	B	X
0	0	0
0	1	1
1	0	1
1	1	1

③ NOT 회로

① 동작사항 : 입력과 반대의 출력이 생기는 회로

② 논리 기호와 논리식
- 논리식 : $X = \overline{A}$

- 논리기호 :

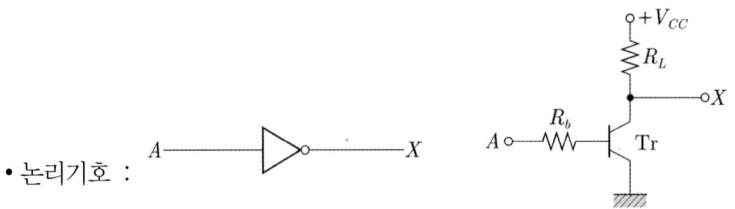

③ 회로와 타임 차트

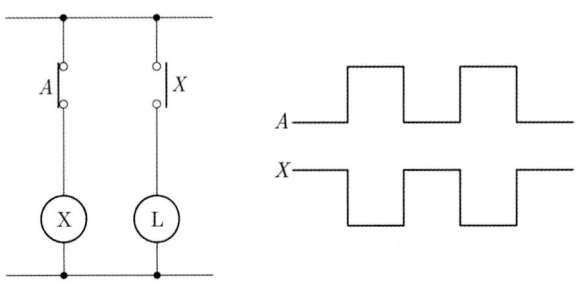

④ 진리표

A	X
0	1
1	0

④ NAND 회로

① 동작사항 : AND 회로의 반대 기능을 갖는 회로
- AND + NOT로 구성

② 논리 기호와 논리식
- 논리식 : $X = \overline{AB}$
- 논리기호

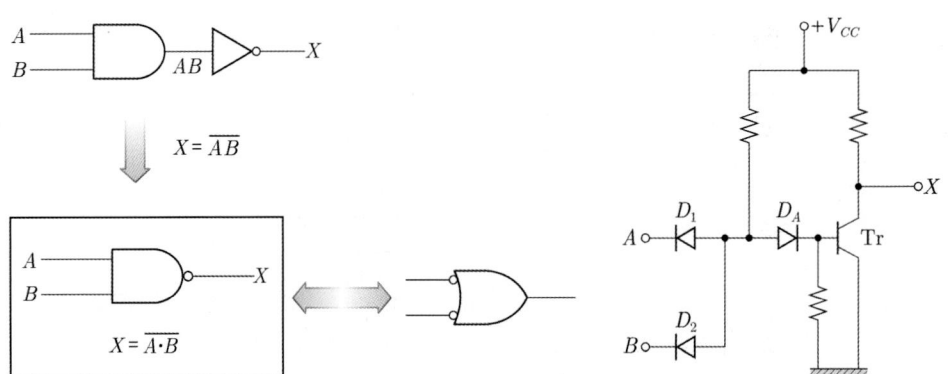

③ 진리표

A	B	X
0	0	1
0	1	1
1	0	1
1	1	0

5 NOR 회로

① 동작사항 : OR 회로의 반대 기능을 갖는 회로
  - OR + NOT로 구성

② 논리 기호와 논리식
  - 논리식 : $X = \overline{A + B}$
  - 논리기호

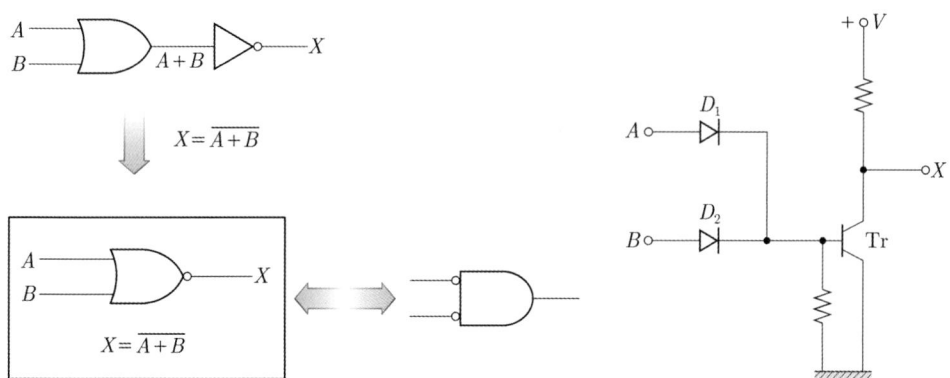

③ 진리표

A	B	X
0	0	1
0	1	0
1	0	0
1	1	0

6 EOR(Exclusive OR)

① 동작사항 : 두 입력의 상태가 다를 때에만 출력이 생기는 판단 기능을 갖는 회로

② 논리 기호와 논리식
  - 논리식 : $X = \overline{A}B + A\overline{B} = A \oplus B$
  - 논리기호 :

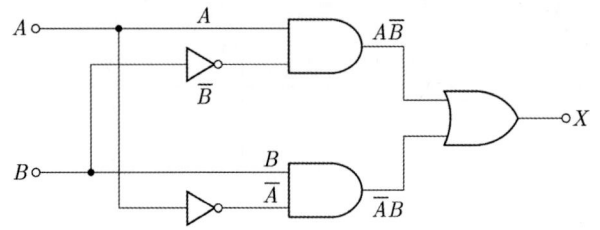

③ 회로와 타임 차트

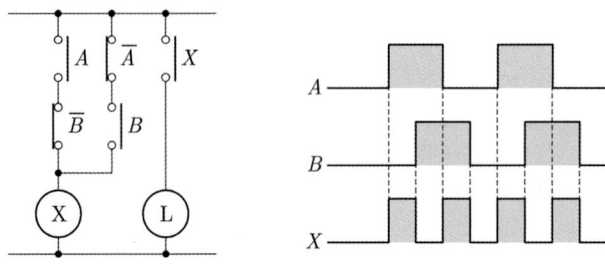

④ 진리표

A	B	X
0	0	0
0	1	1
1	0	1
1	1	0

논리 변환과 논리 연산

1 분배 법칙

$A + (B \cdot C) = (A + B) \cdot (A + C)$

$A \cdot (B + C) = A \cdot B + A \cdot C$

2 기본법칙

① $A + 0 = A$ ② $A + A = A$ ③ $A + 1 = 1$

  $A \cdot 1 = A$ $A \cdot A = A$ $A + \overline{A} = 1$

④ $A \cdot 0 = 0$

  $A \cdot \overline{A} = 0$

3 드모르강(De Morgan)의 정리

① $\overline{A + B} = \overline{A}\,\overline{B}$ $A + B = \overline{\overline{A}\,\overline{B}}$

② $\overline{AB} = \overline{A} + \overline{B}$ $AB = \overline{\overline{A} + \overline{B}}$

③ $\overline{\overline{A}} = A$

반가산기(Half Adder)

반가산기의 회로구성은 다음과 같다.

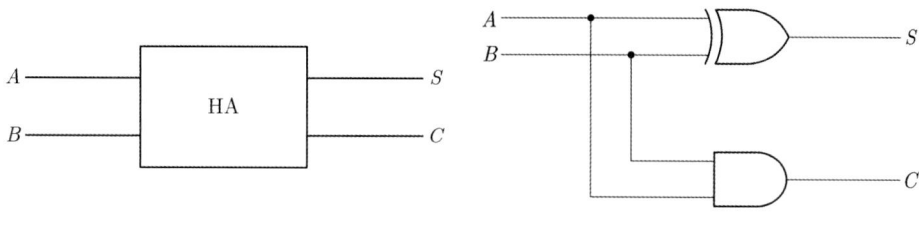

$S = \overline{A} \cdot B + A \cdot \overline{B} = A \oplus B$

$C = AB$

이 논리식을 논리회로로 표시하면 그림과 같으며 Exclusive OR 회로와 자리올림표시 회로로 구성할 수 있다. 즉, 자리올림수 C는 A, B가 모두 1일 때만 1이고 나머지 경우에는 0이 되며, 합은 A, B 중 한 입력만 1일 때 출력이 1이 되고 나머지 경우는 0이 된다.

반가산기의 진리표는 다음과 같다.

입력		출력	
A	B	C	S(Sum, 합)
0	0	0	0
0	1	0	1
1	0	0	1
1	1	1	0

이론 요약

1. 기본 논리회로

① AND 회로

- 논리식 : $X = A \cdot B$
- 진리표

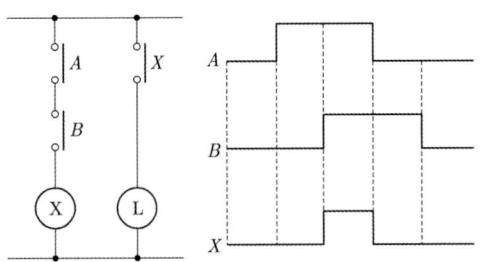

A	B	X
0	0	0
0	1	0
1	0	0
1	1	1

② OR 회로

- 논리식 : $X = A + B$
- 진리표

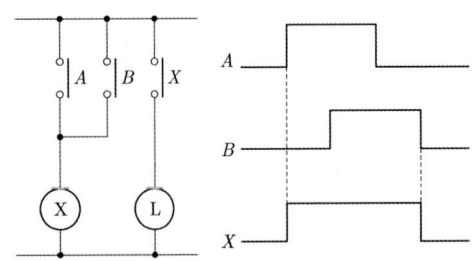

A	B	X
0	0	0
0	1	1
1	0	1
1	1	1

③ NOT 회로

- 논리식 : $X = \overline{A}$
- 진리표

A	X
0	1
1	0

④ NAND 회로
- AND + NOT로 구성

  - 논리식 : $X = \overline{AB}$

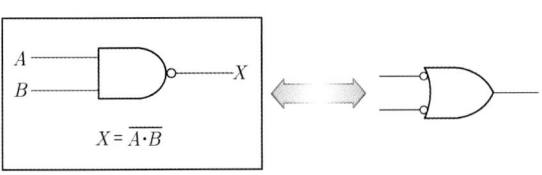

- 진리표

A	B	X
0	0	1
0	1	1
1	0	1
1	1	0

⑤ NOR 회로
- OR + NOT로 구성

  - 논리식 : $X = \overline{A+B}$

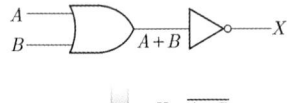

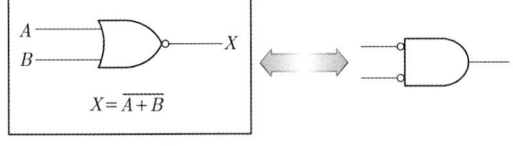

- 진리표

A	B	X
0	0	1
0	1	0
1	0	0
1	1	0

⑥ 배타적 논리합(Exclusive OR)

  - 논리식 : $X = \overline{A}B + A\overline{B} = A \oplus B$

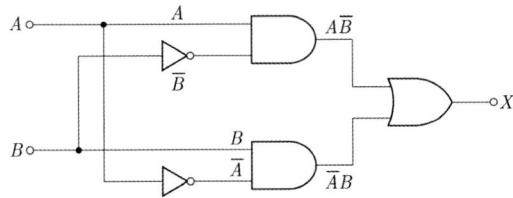

- 진리표

A	B	X
0	0	0
0	1	1
1	0	1
1	1	0

⑦ 시한 회로(On delay timer : Ton)
- 기능 : 입력을 주면 설정 시간(t)이 지난 후 출력이 동작한다.
- 기호
  - a 접점 : 한시동작 순시복귀 a접점
  - b 접점 : 한시동작 순시 복귀 b접점
  - 접점의 동작설명 : 타이머 여자 시에 설정시간 후, a 접점은 폐로되고 b접점은 개로되며 무여자 시 즉시 복귀한다.

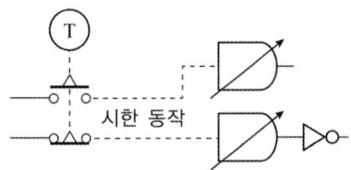

2. 논리 변환과 논리 연산

① 분배 법칙
- $A+(B \cdot C)=(A+B) \cdot (A+C)$
- $A \cdot (B+C)=A \cdot B+A \cdot C$

② 기본 법칙
- $A+0=A \quad A \cdot 1=A$
- $A+A=A \quad A \cdot A=A$
- $A+1=1 \qquad A+\overline{A}=1$
- $A \cdot 0=0 \qquad A \cdot \overline{A}=0$

③ 드모르강(De Morgan)의 정리
- $\overline{A+B}=\overline{A}\overline{B} \qquad A+B=\overline{\overline{A}\overline{B}}$
- $\overline{AB}=\overline{A}+\overline{B} \qquad AB=\overline{\overline{A}+\overline{B}}$
- $\overline{\overline{A}}=A$

CHAPTER 11 필수 기출문제

꼭! 나오는 문제만 간추린

01 ★★★★★
시퀀스(sequence) 제어에서 다음 중 옳지 않은 것은?
① 조합논리회로(組合論理回路)도 사용된다.
② 기계적 계전기도 사용된다.
③ 전체 계통에 연결된 스위치가 일시에 동작할 수도 있다.
④ 시간 지연 요소도 사용된다.

해설 시퀀스(sequence) 제어
- 미리 정해 놓은 순서에 따라 순차적으로 진행되는 제어
- 기계적 계전기 및 게이트(gate) 회로로 구성
- 타이머를 이용하여 시간지연 회로로 사용 가능

순차적으로 동작하므로 전체 계통에 연결된 스위치가 일시에 동작할 수도 없다. 【답】③

02 시퀀스 제어에 있어서 기억과 판단 기구 및 검출기를 가진 제어 방식은?
① 시한 제어
② 순서 프로그램 제어
③ 조건 제어
④ 피드백 제어

해설 피드백 제어 : 비교기(입출력 비교장치)
　　　　　　　　검출부(출력 검출장치)
따라서 기억장치(메모리)와 판단기구 및 검출기를 가지는 시스템은 피드백(feedback) 제어이다. 【답】④

03 그림과 같은 계전기 접점 회로의 논리식은?
① $(\overline{x}+y)\cdot(x+\overline{y})$
② $(\overline{x}+\overline{y})\cdot(x+y)$
③ $\overline{x}\,y+x\,\overline{y}$
④ $x\,y$

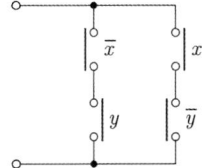

해설 유접점 회로 해석
직렬 : AND gate, ×로 표시
병렬 : OR gate, +로 표시
b 접점 : NOT gate, bar로 표시
따라서 논리식은 $\overline{x}\,y+x\,\overline{y}$ 【답】③

04 그림과 같은 계전기 접점 회로의 논리식은?
① $A+B+C$
② $(A+B)C$
③ $A\cdot B+C$
④ $A\cdot B\cdot C$

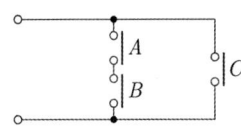

해설 직렬회로 : AND gate, 곱하기(×)로 표시
병렬회로 : OR gate, 더하기(+)로 표시
따라서 $AB+C$ 【답】③

05 논리식 $L = \overline{x} \cdot \overline{y} + \overline{x} \cdot y + x \cdot y$를 간단히 한 것은?

① $x + y$
② $\overline{x} + y$
③ $x + \overline{y}$
④ $\overline{x} + \overline{y}$

해설 부울대수 $A + BC = (A+B)(A+C)$를 이용하면
$L = \overline{x} \cdot \overline{y} + \overline{x} \cdot y + x \cdot y$
$= \overline{x}(\overline{y}+y) + xy = \overline{x} + xy = (\overline{x}+x)(\overline{x}+y) = \overline{x}+y$

【답】②

06 다음 식 중 드 모르간의 정리를 나타낸 식은?

① $A + B = B + A$
② $A \cdot (B \cdot C) = (A \cdot B) \cdot C$
③ $\overline{A \cdot B} = \overline{A} \cdot \overline{B}$
④ $\overline{A \cdot B} = \overline{A} + \overline{B}$

해설 드 모르간의 정리
$\overline{A \cdot B} = \overline{A} + \overline{B}$
$\overline{A + B} = \overline{A} \cdot \overline{B}$

【답】④

07 그림과 같은 논리 회로의 출력은?

① AB
② $A + B$
③ A
④ B

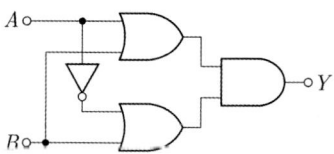

해설 $Y = (A+B)(\overline{A}+B) = A \cdot \overline{A} + \overline{A} \cdot B + A \cdot B + B \cdot B$
$= B(\overline{A}+A) + B = B + B = B$

【답】④

08 그림과 같은 논리 회로에서 출력 f의 값은?

① A
② $\overline{A}BC$
③ $AB + \overline{B}C$
④ $(A+B)C$

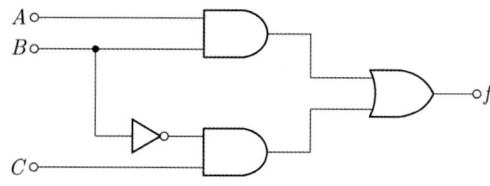

해설 논리식 $f = AB + \overline{B}C$

【답】③

09 다음 논리 회로의 출력은?

① $Y = A\overline{B} + \overline{A}B$
② $Y = \overline{A}\overline{B} + \overline{A}B$
③ $Y = A\overline{B} + \overline{A}\overline{B}$
④ $Y = \overline{A} + \overline{B}$

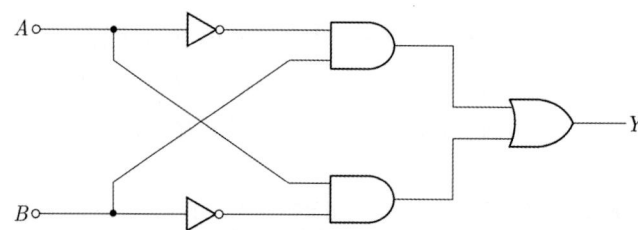

[해설] Exclusive OR(배타적 논리합)

$A \oplus B = A\overline{B} + \overline{A}B$

진리표

A	B	X
0	0	0
0	1	1
1	0	1
1	1	0

【답】①

10 다음 그림과 같은 논리(logic) 회로는?

① OR 회로
② AND 회로
③ NOT 회로
④ NOR 회로

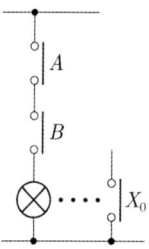

[해설] AND gate : A와 B 둘다 입력되면 출력이 발생한다.

A	B	X_0
0	0	0
0	1	0
1	0	0
1	1	1

【답】②

11 ★★★★★ 그림은 무엇을 나타낸 논리 연산 회로인가?

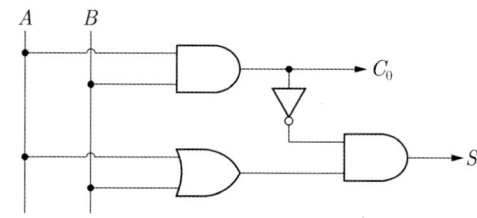

① NAND 회로
② EXCLUSIVE OR 회로
③ HALF-ADDER 회로
④ FULL-ADDER 회로

[해설] HALF-ADDER(반가산기) 회로

입력		출력	
A	B	C	D
0	0	0	0
0	1	0	1
1	0	0	1
1	1	1	0

자리 올림수(Carry) $C_0 = AB$

합계(Sum) $S = \overline{AB}(A+B) = (\overline{A}+\overline{B})(A+B) = \overline{A}B + A\overline{B}$

【답】③

12 그림과 같은 결선도는 전자 개폐기의 기본 회로도이다. 그림 중에서 OFF 스위치와 보조 접점 b를 나타낸 것은?

① OFF 스위치 ①, 보조 접점 b ④
② OFF 스위치 ②, 보조 접점 b ③
③ OFF 스위치 ③, 보조 접점 b ②
④ OFF 스위치 ④, 보조 접점 b ①

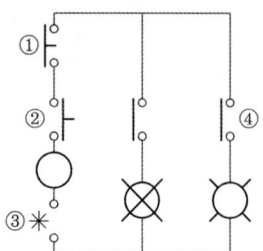

해설 OFF 스위치 ①
ON 스위치 ②
열동 계전기 수동 복귀 접점 ③
계전기 보조 접점(b접점) ④

【답】①

13 논리식 $L = X + \overline{X}Y$를 간단히 한 식은?

① X ② $\overline{X}$ ③ $X + Y$ ④ $\overline{X} + Y$

해설 부울대수 $A + BC = (A+B)(A+C)$를 이용하면
$X + \overline{X}Y = (X + \overline{X})(X + Y) = X + Y$

【답】③

14 다음 논리식을 간단히 하면?

$$X = \overline{A}\ \overline{B}\ C + A\ \overline{B}\ \overline{C} + A\ \overline{B}\ C$$

① $\overline{B}(A + C)$ ② $\overline{C}(A + B)$
③ $\overline{A}(B + C)$ ④ $C(A + \overline{B})$

해설 부울대수를 이용하면 $A + A + A + \cdots = A$
$X = \overline{A}\ \overline{B}\ C + A\ \overline{B}\ \overline{C} + A\ \overline{B}\ C = \overline{A}\ \overline{B}\ C + A\ \overline{B}\ \overline{C} + A\ \overline{B}\ C + A\ \overline{B}\ C$
$= \overline{B}C(\overline{A} + A) + A\overline{B}(\overline{C} + C) = \overline{B}C + A\overline{B} = \overline{B}(A + C)$

【답】①

15 그림과 등가인 게이트는?

① A○─┐   ② A○─┐
           ○Y   ○Y
   B○─┘   B○─┘

③ A○─┐   ④ A○─┐
           ○Y   ○Y
   B○─┘   B○─┘

해설 주어진 회로의 논리식은 $Y = \overline{A} + B$
① $Y = \overline{A \cdot B}$

② $Y = \overline{\overline{A} \cdot \overline{B}} = \overline{\overline{A}} + \overline{\overline{B}} = A + B$
③ $Y = \overline{\overline{AB}} = \overline{\overline{A} + \overline{B}} = \overline{A} + B$
④ $Y = \overline{\overline{AB}} = \overline{\overline{A} + \overline{B}} = A + \overline{B}$

【답】 ③

16 다음 논리식 $[(AB + A\overline{B}) + AB] + \overline{A}B$를 간단히 하면?

① $A + B$ ② $\overline{A} + B$ ③ $A + \overline{B}$ ④ $A + A \cdot B$

해설 부울대수를 이용하여
$[(AB + A\overline{B}) + AB] + \overline{A}B = (AB + A\overline{B}) + (AB + \overline{A}B) = A(B + \overline{B}) + B(A + \overline{A}) = A + B$

【답】 ①

17 그림과 같은 회로의 출력 Z는 어떻게 표현되는가?

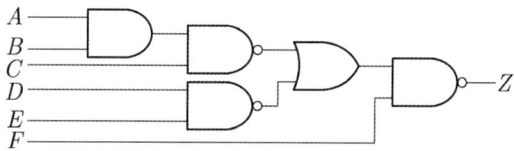

① $\overline{A} + \overline{B} + \overline{C} + \overline{D} + \overline{E} + \overline{F}$
② $A + B + C + D + E + F$
③ $\overline{A}\,\overline{B}\,\overline{C}\,\overline{D}\,\overline{E} + F$
④ $ABCDE + \overline{F}$

해설 $Z = \overline{(\overline{ABC} + \overline{DE})F} = \overline{(\overline{ABC} + \overline{DE})} + \overline{F} = ABC \cdot DE + \overline{F} = ABCDE + \overline{F}$

【답】 ④

18 그림의 게이트 명칭은?

① AND gate
② OR gate
③ NAND gate
④ NOR gate

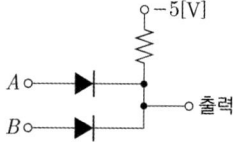

해설 OR gate : A와 B 중 어느 하나 이상이 입력되면 출력이 발생한다.

A	B	X
0	0	0
0	1	1
1	0	1
1	1	1

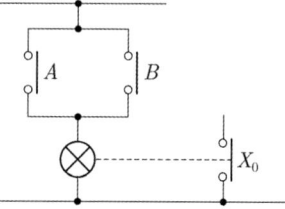

【답】 ②

19 어느 시퀀스 제어 시스템의 내부 상태가 9가지로 바뀐다면 이를 설계할 때 필요한 플립 플롭의 최소 개수는?

① 3 ② 4
③ 5 ④ 9

해설 시퀀스 제어 시스템의 내부 상태 구현을 위한 플립-플롭의 최소 개수 : 2^n
따라서 $2^4 = 16$이므로 플립플롭이 4개 필요하다.

【답】 ②

CHAPTER 12 제어기기

제어기기 · 보상회로 · 전력용 다이오드 · 광전효과와 광기전력 효과 · 특수 반도체 · 전력용 반도체 · 전력용 트랜지스터(Transistor) · FET(Field-effect transistor) · IGBT(Insulated gate bipolar transistor)

제어기기

제어기기는 주로 증폭기와 조작기 및 변환기로 구성되며 다음과 같다.

1 증폭기

증폭기는 제어계에 가장 많이 이용되는 전자 요소이며 전기식으로는 진공관, 트랜지스터, 사이리스터 등이 있으며 기계식으로는 노즐 플래퍼 등이 사용된다.

2 조작기기(actuator)

조작기기는 제어기에서의 신호를 통해 제어 대상(플랜트)에 직접 주어지는 조작량을 만들어 내는 장치로서 서보전동기(Servo motor)가 가장 많이 사용된다.

① 서보모터의 특징은 다음과 같다.
- 기동토크가 클 것
- 급가감속, 정역 운전이 가능할 것
- 직류용, 교류용
- 관성모멘트가 적을 것 : 회전자를 가늘고 길게 할 것
- 토크 : 속도곡선이 수하특성을 가질 것
- 제어 권선 전압이 0일 때 정지

② 서보전동기의 입력을 전기자전압, 출력을 회전각도라 하고 모델링을 수행하면 다음과 같다.

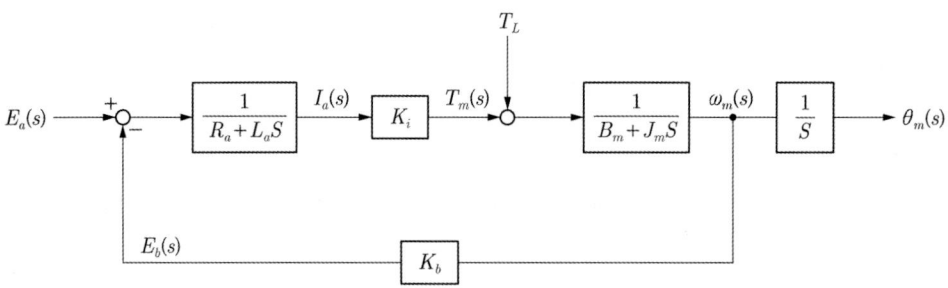

【 서보전동기의 모델에 대한 블록선도 】

따라서 서보전동기의 전달 함수는 적분요소와 2차 요소의 직렬 결합으로 볼 수 있다.

3 변환기

변환기의 변환 물리량에 대해 정리하면 다음과 같다.

① 압력 → 변위 : 벨로우즈, 다이어프램, 스프링
  변위 → 압력 : 노즐 플래퍼, 유압 분사관, 스프링

② 전압 → 변위 : 전자석, 전자코일
  변위 → 전압 : 차동변압기, 전위차계, 포텐쇼미터
  온도 → 전압 : 열전대

③ 빛(光) → 전압 : 광전지, 광다이오드
  빛(光) → 임피던스 : 광전관, 광도전셀, 광전트랜지스터

4 조절기(제어기)

조절기는 주로 PID 제어기가 사용되며 다음과 같다.

① 비례 제어(P 제어)
  설정 값과 제어량의 차인 오차의 크기에 비례하여 조작부를 제어하는 것으로 잔류편차 즉, 오프셋(off-set)이 발생된다.

② 적분제어(I 제어)
  적분 값의 크기에 비례하여 조작부를 제어하는 것으로 잔류편차(오프셋)을 소멸시킨다.

③ 미분제어(D 제어)
  제어 오차가 검출될 때 오차가 변화하는 속도에 비례하여 조작량을 가감하는 동작으로서 오차가 커지는 것을 미연에 방지하며 rate 제어라 한다.

④ 비례·적분제어(PI 제어)
  잔류 편차 제거, 시간지연(정상상태 개선)
  간헐 현상 발생
  PI 제어기 $y(t) = K\left[z(t) + \dfrac{1}{T_i}\int z(t)dt\right]$
  여기서, K는 비례감도, T_i는 적분시간

⑤ 비례·미분제어(PD 제어)
  속응성 향상, 진동억제(과도상태 개선)
  PD 제어기 $y(t) = K\left[z(t) + T_d\dfrac{d}{dt}z(t)\right]$
  여기서, K는 비례감도, T_d는 미분시간

⑥ 비례·미분·적분제어(PID 제어)
  속응성 향상, 잔류편차 제거

PID 제어기 $y(t) = K\left[z(t) + \dfrac{1}{T_i}\int z(t)dt + T_d\dfrac{d}{dt}z(t)\right]$

여기서, K는 비례감도, T_i는 적분시간, T_d는 미분시간

⑦ 조절기의 전달 함수

PID 제어기 $y(t) = K\left[z(t) + \dfrac{1}{T_i}\int z(t)dt + T_d\dfrac{d}{dt}z(t)\right]$

여기서, K는 비례감도, T_i는 적분시간, T_d는 미분시간

라플라스 변환하면

$$Y(s) = K\left[Z(s) + \dfrac{1}{T_i s}Z(s) + T_d s Z(s)\right]$$

따라서 전달 함수 $G(s) = \dfrac{Y(s)}{Z(s)} = K\left[1 + \dfrac{1}{T_i s} + T_d s\right]$

보상회로

보상회로에는 크게 진상보상회로와 지상보상회로 및 진·지상 보상회로로 나뉘며 다음과 같다.

1 진상보상회로(미분회로)

진상보상법은 출력 위상이 입력 위상보다 앞서도록 제어신호의 위상을 조정하는 보상법으로서, 제이 시스템의 속응성을 개선하는 것과 동시에 안정성도 개선하고 이득을 향상시킬 수 있으므로 시스템의 특성 개선에 도움을 준다.

2 지상보상회로(적분회로)

지상 보상법은 출력 위상이 입력 위상에 비하여 뒤지게 되도록 제어신호의 위상을 조정하는 보상법으로서 안정성, 속응성은 조정된 상태로 두고, 제어 정도만을 개선시켜 공진 주파의 특성을 그대로 두면서 저주파 영역의 이득을 높이는 데 사용되는 보상기이며 정상특성 개선에 사용된다.

3 진·지상보상회로

출력의 위상이 입력의 위상에 비하여 저주파에서는 지상이 되고, 고주파 진상이 되도록 제어신호의 위상을 조정하는 보상법으로 진상·지상 보상은 진상보상과 지상보상의 장·단점을 이용하여 서로 결합시킨 형태로 진상보상은 일반적으로 피드백 제어 시스템의 상승시간과 오버슈트를 개선시키고, 지상보상에서는 오버슈트와 상대 안정도는 개선되지만, 대역폭(band width)의 감소로 인해 상승시간이 길어지게 있다.

따라서 진상보상이나 지상보상 어느 한 가지만으로는 만족한 보상하기 어려워 제어 시스템에서는 진상·지상 보상을 결합시켜 사용하게 된다.

전력용 다이오드

1 다이오드(diode)

다이오드는 단일방향(애노드에서 캐소드 방향으로)만 전류가 흐를 수 있는 소자로서 정류작용을 위하여 사용한다.

① 순방향 바이어스

순방향 바이어스는 애노드에 (+)를 캐소드에 (−)를 인가한 것으로 다이오드가 도통된다. 이때의 특성은 다음과 같다.

여기서, cut-in voltage는 순방향에서 전류가 현저히 증가하기 시작하는 전압을 말한다.
- 전위 장벽이 낮아진다.
- 공간 전하 영역의 폭이 좁아진다.
- 전장이 약해진다(이온화 감소).

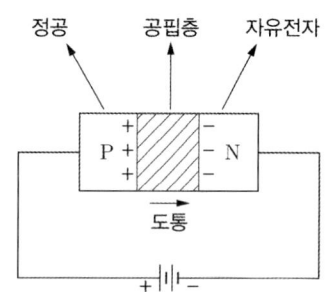

② 역 바이어스 된 경우

순방향 바이어스는 애노드에 (−)를 캐소드에 (+)를 인가한 것으로 다이오드가 도통되지 않는다. 이때의 특성은 다음과 같다.
- 전위 장벽이 높아진다.
- 공간 전하 영역의 폭이 넓어진다.
- 전장이 강해진다.

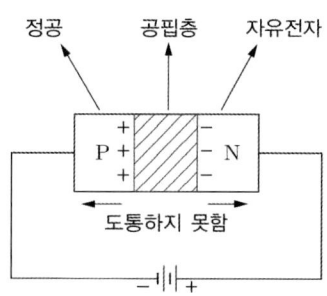

2 제너 다이오드(Zener diode)

제너다이오드는 전원 전압을 안정하게 유지하기 위한 다이오드로 정전압 정류작용을 하며 직렬로 연결하면 과전압으로부터 보호하며 병렬로 연결하면 과전류로부터 보호하게 된다.

3 가변 용량 다이오드

가변 용량 다이오드는 바렉터 다이오드라 한다.

4 발광다이오드(LED)

발광다이오드는 순방향의 전압을 인가하면 빛을 발하는 다이오드이다.

5 **터널 다이오드**

터널 다이오드의 용도는 다음과 같다.
① 발진 작용
② 스위치 작용
③ 증폭 작용

광전효과와 광기전력 효과

광전 효과는 반도체에 광(光)이 조사되면 전기 저항이 감소되는 현상으로 Se, Cds 같은 물질 들이 해당되며 광기전력 효과는 반도체에 광(光)이 조사되면 기전력이 발생되는 현상이며 Si, Ga와 같은 물질들이 사용된다.

특수 반도체

1 **서미스터**
① 온도 보상용으로 사용한다.
② 온도 계수는 (-)를 갖고 있다.

2 **바리스터 (Varistor)**
① 전압에 따라 저항치가 변화하는 비직선 저항체이다.
② 서지(Surge)전압에 대한 회로 보호용으로 사용한다.

전력용 반도체

1 **사이리스터(thyristor)**

① SCR(Silicon Controlled Rectifier)

SCR은 사이리스터의 대표적인 소자이며 역저지 3극 사이리스터로서 다음과 같은 특징을 가진다. 전원공급 방법은 애노드⊕, 캐소드⊖, 게이트⊕로 인가한다.

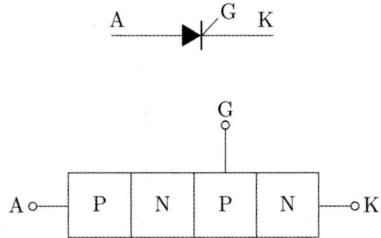

〈SCR(Silicon Controlled Rectifier)의 특징〉
- 효율이 높고 고속 동작이 용이
- 소형이고 고전압 대전류에 적합한 대전력 정류기
- 게이트 작용 : 통과 전류 제어 작용
- 이온 소멸시간이 짧다.
- 게이트 전류에 의해서 방전개시 전압을 제어할 수 있다.

- PNPN 구조로서 부성(-) 저항특성이 있다.
- 사이라트론과 기능 비슷
- ON → OFF : 전원전압(애노드)을 음(-)으로 한다.
- turn on 상태 : 게이트 전류에 의해서
- 브레이크 오버 전압 : 제어 정류기의 게이트가 도전 상태로 들어가는 전압
- 래칭전류 : SCR이 ON되기 위해 애노드에서 캐소드로 흘려야 할 최소전류
- 유지전류 : SCR이 ON된 후에도 ON상태를 유지하기 위한 최소전류로서 래칭전류 보다 작다.
- 주파수, 위상, 전압제어용

② GTO(Gate Turn-off Thyristor)

GTO(Gate Turn-off Thyristor)는 역저지 3극 사이리스터로서 게이트에 흐르는 전류를 점호할 때의 전류와 반대 방향의 전류를 흐르게 함으로서 소호가 가능하므로 자기소호 기능이 있는 사이리스터이다.

③ LASCR(Light-activated semiconductor controlled rectifier)

LASCR(Light-activated semiconductor controlled rectifier)은 역저지 3극 사이리스터로 광(光)을 조사하면 점호되는 사이리스터이다.

④ SCS(Silicon Controlled Switch)

SCS(Silicon Controlled Switch)는 단방향 4단자 소자로서 게이트 전극이 2개인 구조로 되어 있으며 쌍방향으로 대칭적인 부성저항 영역이 있다.

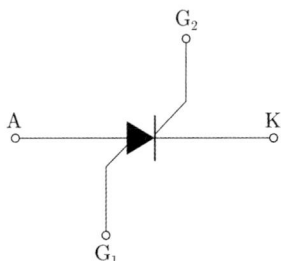

⑤ SSS(Silicon Symmetrical Switch)

SSS(Silicon Symmetrical Switch)는 쌍방향 2단자 소자로서 주로 트리거 소자로 이용된다.

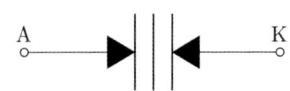

⑥ TRIAC(Triode Switch for AC)

TRIAC(Triode Switch for AC)은 양방향 3단자 소자로서 SCR 역병렬 구조를 가지며 교류 전력 제어용으로 사용되며 과전압에 의한 파괴 되지 않는 특성이 있다.

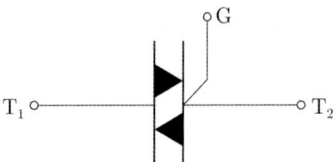

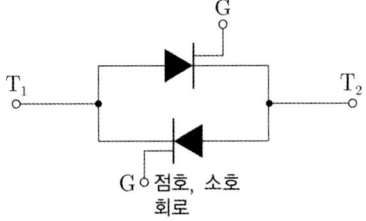

⑦ DIAC(Diode AC Switch)

DIAC(Diode AC Switch)은 양방향 2단자 소자로서 소용량 저항 부하의 교류 전력제어용으로 사용되며 쌍방향으로 대칭적인 부성저항 영역이 있으며 npn 3층 구조를 가진다.

⑧ PUT(Programmable Uni-junction Transistor)

PUT(Programmable Uni-junction Transistor)는 N-게이트 사이리스터의 대표적인 소자이다.

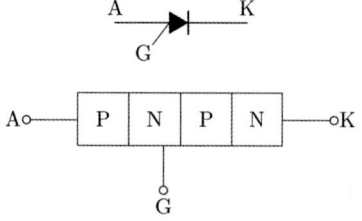

전력용 트랜지스터(Transistor)

전력용 트랜지스터는 주로 증폭용으로 사용되며 다음과 같은 특징이 있다.

1 전력용 트랜지스터의 특징

① 트랜지스터는 그 구성에 따라 NPN과 PNP형의 두 가지가 있다.
② 전압-전류 특성은 베이스 전류의 크기에 따라 달라진다.
③ 도통 상태를 유지하기 위해서는 계속 베이스 전류를 흐르게 하고 있어야 한다.

2 NPN 트랜지스터

베이스를 기준으로
컬렉터 전위 : 정전위
이미터 전위 : 부전위

3 PNP 트랜지스터

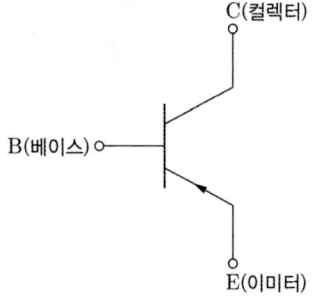

FET(Field-effect transistor)

FET(Field-effect transistor)는 전계효과 트랜지스터로 Gate, Drain, Source로 구성된다. FET의 특징은 다음과 같다.

- 단극성 소자
- 제조기술에 따라 MOS형과 접합형
- 게이트에 역전압을 인가하여 드레인 전류를 제어하는 전압제어 소자

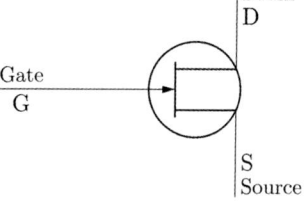

IGBT(Insulated gate bipolar transistor)

IGBT(Insulated gate bipolar transistor)는 MOSFET와 Transistor가 결합된 것으로 고속 스위칭 소자로 사용되며 특징은 다음과 같다.

- 구동전력이 적다.
- 고속스위칭이 가능하다.
- 내전압이 높다.

이론 요약

제어기기에서 가장 많이 사용되는 것 : 증폭기

1. 변환요소(물리량 → 전기량)

변환량	변환 기기
압력 → 변위 변위 → 압력	벨로우즈, 다이어프램, 스프링 노즐 플래퍼, 유압 분사관, 스프링
변위 → 임피던스 광 → 임피던스 온도 → 임피던스	가변 저항기, 용량형 변환기 광전관, 광전트랜지스터, 광전지, 광전 다이오드 측온 저항(열선, 서미스터, 백금, 니켈)
변위 → 전압 전압 → 변위	포텐셜미터, 차동 변압기, 전위차계 전자석, 전자 코일
광 → 전압 온도 → 전압	광전지, 광전 다이오드 열전대

2. 서보 모터(조작기)

① 직류용, 교류용
② 정역운전이 가능
③ 관성모멘트가 적을 것(회전자가 가늘고 길 것)
④ 기계적 응답이 우수, 속응성
⑤ 급감속, 급가속이 용이
⑥ 시정수가 적을 것
⑦ 기동 토크가 클 것

3. 제어에 사용되는 반도체 소자

① 서미스터 : 온도 상승에 따라 저항이 감소하는 특성(온도 보상용으로 사용)
② 제너 다이오드 : 정전압 다이오드
③ 터널 다이오드 : 증폭 작용, 발진 작용, 개폐 작용
④ 실리콘 정류 제어 소자(SCR : Silicon controlled Rectifier)

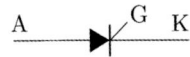

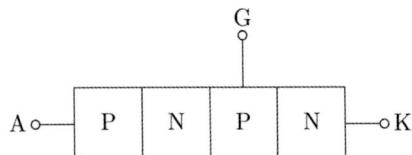

• 전원공급 방법 : 애노드⊕, 캐소드⊖, 게이트⊕

- 특징
    - 역저지 3극 사이리스터
    - 효율이 높고 고속 동작이 용이하며 소형이고 고전압 대전류에 적합한 정류기
    - PNPN 구조
    - 사이라트론(thyratron)과 기능 비슷
    - 소형이면서 대전력용
    - ON → OFF : 전원전압(애노드)을 음(-)으로 한다.
    - turn on 상태 : 게이트 전류에 의해서
    - 주파수, 위상, 전압 제어

⑤ IGBT(Insulated Gate Bipolar Transistor)

MOSFET와 Transistor가 결합된 것으로 고속 스위칭 소자

- 구동전력이 적다.
- 고속스위칭이 가능하다.
- 내전압이 높다.

4. PID제어기

① PID 제어기 출력식

$$y(t) = K\left[z(t) + \frac{1}{T_i}\int z(t)dt + T_d \frac{d}{dt}z(t)\right]$$

여기서, K는 비례감도, T_i는 적분시간, T_d는 미분시간

② PID 제어기 전달함수 $Y(s) = K\left[Z(s) + \dfrac{1}{T_i s}Z(s) + T_d s Z(s)\right]$

CHAPTER 12 필수 기출문제

꼭! 나오는 문제만 간추린

01 제어 기기의 대표적인 것을 들면 검출기, 변환기, 증폭기, 조작기기를 들 수 있는데, 서보 전동기(servomotor)는 어디에 속하는가?

① 검출기　　　　　　　　　② 변환기
③ 조작기기　　　　　　　　④ 증폭기

해설 제어요소 = 조절부(제어기) + 조작부(구동기)
여기서, 조작부에 가장 많이 사용되는 기기는 서보 전동기이다.

【답】③

02 ★★★★★ 서보 전동기의 특징을 열거한 것 중 옳지 않은 것은?

① 원칙적으로 정역전(正逆轉)이 가능하여야 한다.
② 저속이며 거침 없는 운전이 가능하여야 한다.
③ 직류용은 없고, 교류용만 있다.
④ 급가속, 급감속이 용이한 것이라야 한다.

해설 서보 모터의 특징
- 기동토크가 클 것
- 급가속, 정역 운전이 가능할 것
- **직류용, 교류용**
- 관성모멘트가 적을 것 : 회전자를 가늘고 길게 할 것

【답】③

03 ★★★★★ PI 제어 동작은 프로세스 제어계의 정상 특성 개선에 흔히 쓰인다. 이것에 대응하는 보상 요소는?

① 지상 보상 요소　　　　　② 진상 보상 요소
③ 지진상 보상 요소　　　　④ 동상 보상 요소

해설
- 비례적분제어(PI 제어) : 잔류 편차 제거, 시간지연(정상상태 개선), 지상 보상
- 비례미분제어(PD 제어) : 속응성 향상, 진동 억제(과도상태 개선), 진상 보상

【답】①

04 ★★★★★ 진동이 일어나는 장치의 진동을 억제시키는 데 가장 효과적인 제어 동작은?

① on-off 동작　　　　　　② 비례 동작
③ 미분 동작　　　　　　　 ④ 적분 동작

해설
- 비례 제어(P 제어) : 잔류 편차(off set) 발생
- 적분제어(I 제어) : 잔류 편차 제거, 시간지연(정상상태 개선)
- 미분제어(D 제어) : 속응성 향상, 진동 억제(과도상태 개선)

【답】③

05 ★★★★★ PD 제어동작은 프로세스 제어계의 과도 특성 개선에 쓰인다. 이것에 대응하는 보상 요소는?

① 지상 보상 요소　　　　　② 진상 보상 요소
③ 진지상 보상 요소　　　　④ 동상 보상 요소

해설
- 진상 보상기(미분기, PD제어) : 과도응답 개선
- 지상 보상기(적분기, PI제어) : 정상특성 개선

【답】 ②

06 PID 동작은 어느 것인가?
① 사이클링과 오프셋이 제거되고 응답속도가 빠르며 안정성도 있다.
② 응답속도를 빨리 할 수 있으나 오프셋은 제거되지 않는다.
③ 오프셋은 제거되나 제어동작에 큰 부동작 시간이 있으면 응답이 늦어진다.
④ 사이클링을 제거할 수 있으나 오프셋이 생긴다.

해설 PID 제어의 특징
- 정상특성과 속응성을 동시에 개선
- 오버슈트를 감소시킨다.
- 안정성 우수

【답】 ①

07 적분 시간이 3분, 비례 감도가 5인 PI 조절계의 전달 함수는?

① $5 + 3s$
② $5 + \dfrac{1}{3s}$
③ $\dfrac{3s}{15s + 5}$
④ $\dfrac{15s + 5}{3s}$

해설 PI(비례 적분 제어)

$y(t) = K_p [z(t) + \dfrac{1}{T_i} z(t) dt\,]$

여기서, K는 비례감도, T_i는 적분시간, $Y(s) = K_p(1 + \dfrac{1}{T_i s}) Z(s)$

$\therefore G(s) = \dfrac{Y(s)}{Z(s)} = K_p\left(1 + \dfrac{1}{T_i s}\right) = 5\left(1 + \dfrac{1}{3s}\right) = \dfrac{15s + 5}{3s}$

【답】 ④

08 $\dfrac{M(s)}{E(s)} = 3 + 1.5s + \dfrac{1}{s} 1.5$인 PID 동작에서 적분 시간($T_i$)과 미분 시간($T_d$)은 각각 얼마인가?

① $T_i = 2,\ T_d = 2$
② $T_i = 0.5,\ T_d = 2$
③ $T_i = 2,\ T_d = 0.5$
④ $T_i = 1.5,\ T_d = 1.5$

해설 PID 제어기 $y(t) = K\left[z(t) + \dfrac{1}{T_i}\int z(t)dt + T_d \dfrac{d}{dt} z(t)\right]$

여기서, K는 비례감도, T_i는 적분시간, T_d는 미분시간

라플라스 변환하면 $Y(s) = K\left[Z(s) + \dfrac{1}{T_i s} Z(s) + T_d s Z(s)\right]$

따라서 전달 함수 $G(s) = \dfrac{Y(s)}{Z(s)} = K\left[1 + \dfrac{1}{T_i s} + T_d s\right]$

$G(s) = K_p\left(1 + \dfrac{1}{T_i s} + T_d s\right) = 3\left(1 + \dfrac{1}{2s} + \dfrac{1}{2}s\right)$

$\therefore K_p = 3,\ T_i = 2,\ T_d = 0.5$

【답】 ③

09

조작량 $y(t)$가 다음과 같이 표시되는 PID 동작에서 비례 감도, 적분 시간, 미분 시간은?

$$y(t) = 4z(t) + 1.6\frac{d}{dt}z(t) + \int z(t)dt$$

① 2, 0.4, 4
② 2, 4, 0.4
③ 4, 4, 0.4
④ 4, 0.4, 4

해설 PID 제어기

$$y(t) = K\left[z(t) + \frac{1}{T_i}\int z(t)dt + T_d\frac{d}{dt}z(t)\right]$$

여기서, K는 비례감도, T_i는 적분시간, T_d는 미분시간

$$y(t) = 4z(t) + 1.6\frac{d}{dt}z(t) + \int z(t)dt$$
$$= 4\left[z(t) + \frac{1}{4}\int z(t)dt + 0.4\frac{d}{dt}z(t)\right]$$

∴ $K = 4$, $T_i = 4$, $T_d = 0.4$

【답】③

10

바리스터의 주된 용도는?

① 서지 전압에 대한 회로 보호
② 온도 보상
③ 출력 전류 조절
④ 전압 증폭

해설 바리스터(Varistor)
- 전압에 따라 저항치가 변화하는 비직선 저항체
- 서지(Surge)진입에 대한 회로 보호용

【답】①

11

터널 다이오드의 응용 예가 아닌 것은?

① 증폭 작용
② 발진 작용
③ 개폐 작용
④ 정전압 정류 작용

해설 터널 다이오드
- 발진 작용
- 스위치 작용(개폐 작용)
- 증폭 작용

【답】④

12

서미스터는 온도가 증가할 때 저항은?

① 감소한다.
② 증가한다.
③ 임의로 변화한다.
④ 변화가 없다.

해설 서미스터
- 온도 보상용으로 사용
- 온도 계수는 (−)를 갖고 있다.
따라서 서미스터는 온도가 올라가면 저항이 감소하는 특성을 가진다.

【답】①